焊接机器人系统集成

主　编　刘晓辉　韦真光

主　审　韦　森

副主编　陈国兴　汤一帆

参　编　韦雪强　唐　豪　赵　国
　　　　胡新德　覃世强　黄梓峰

现代教育出版社

图书在版编目（CIP）数据

焊接机器人系统集成 / 刘晓辉，韦真光主编. —北京：现代教育出版社，2014.12

ISBN 978 - 7 - 5106 - 2565 - 7

Ⅰ.①焊…　Ⅱ.①刘…②韦…　Ⅲ.①焊接机器人—中等专业学校—教材　Ⅳ.①TP242.2

中国版本图书馆 CIP 数据核字（2014）第 266538 号

焊接机器人系统集成

主　　编　刘晓辉　韦真光
责任编辑　刘　杰　李　颖

出版发行　现代教育出版社
地　　址　北京市朝阳区安华里 504 号 E 座
邮政编码　100011
电　　话　（010）64244927
传　　真　（010）64251256

印　　刷　三河市文阁印刷有限公司
开　　本　787mm×1092mm　1/16
印　　张　10
字　　数　220 千字
版　　次　2015 年 2 月第 1 版
印　　次　2015 年 2 月第 1 次印刷
书　　号　ISBN 978 - 7 - 5106 - 2565 - 7
定　　价　25.00 元

前　言

当前，焊接机器人的应用迎来了难得的发展机遇。一方面，随着技术的发展，焊接机器人的价格不断下降，性能不断提升；另一方面，劳动力成本不断上升，我国由制造大国向制造强国迈进，需要提升加工手段、提高产品质量和增强企业竞争力，这一切预示着焊接机器人应用及发展前景空间巨大。但目前我国焊接机器人应用企业存在着装机量不高、人才流动性大和培训不到位等问题，因而对焊接机器人应用维护人才需求较强且要求较高。

本教材正是针对这种需求，严格按照行业和职业需求，遵循技术技能人才的成长规律，以实操能力培养为重点梳理并归纳出学习性的工作任务，在此基础上以典型的学习性工作任务为课题任务，以具体的工作过程为课题内容，以实际的工作环境为课题背景组织编写。本教材采用理论与实践一体化的编写模式，学习目标明确，项目任务清晰，相关知识遵循"必需与够用"原则，把相关理论知识及方法的学习和工作任务的实施这两个环节与过程有机结合在一起，突出了学生专业技能、职业能力的培养，体现"以学生为主体、以职业需求为导向"的教育观，具有较强的针对性和实用性。本教材具有以下特点：学做结合，形式与结构新颖；任务典型，过程完整，安全与质量并重；理论适用，技能突出，步骤与方法明确；图文并茂，通俗易懂，授课与自学容易等。

本教材编写的初衷侧重焊接机器人系统调试及维护维修，以销量世界排名前茅的ABB机器人为例，采用基于工作过程的项目教学，介绍机器人焊接系统的基本配置原理及过程、系统故障的排除与离线编程等内容，以期达到触类旁通的目的。全书共分4个项目，给出教学中易于实施的实践练习和与之对应的理论知识，使学生通过实际任务训练掌握焊接机器人系统方面的基本知识和操作技能，真正实现"教、学、做"的一体化。

本教材既可作为中等职业院校的教材，又可作为在职职工岗位培训和自学用书，有很强的适用性。

本教材由刘晓辉、韦真光任主编，陈国兴、汤一帆任副主编，韦雪强、唐豪、赵国、胡新德、覃世强、黄梓峰任与参编写。全书由韦森统稿和主审。

由于编写时间仓促，书中难免有不足之处，敬请广大读者提出宝贵的意见和建议，以便修订时加以完善。

编　者

目　录

项目一

ABB 焊接机器人的通信设置

任务 1　DSQC651 板的配置与连接

学习目标

知识目标：

1. 了解 ABB 标准 I/O 板种类。

2. 掌握 ABB 标准 I/O 板（DSQC651）的模块接口。

能力目标：

能够在系统中对 DSQC651 板进行设置。

任务描述

某企业从 ABB 机器人生产厂家引进了一批工业机器人的裸机（未带任何应用设备），需要对该批机器人添加外部控制信号，考虑到系统的兼容性企业选择使用 ABB 标准 I/O 板 DSQC651 作为信号的接口。现该厂的电气装配工已经按照接线原理将该 I/O板接入控制柜中，但默认的机器人系统中还没有该标准 I/O 板 DSQC651 的任何信息，需要对该系统进行修改操作。现需要企业培训师对员工进行培训。

任务分析

ABB 标准 I/O 板 DSQC651 是最为常用的模块，通常情况下该板为机器人系统的默认设置，因而不需要任何设置就可以直接控制其板上的信号接口。ABB 的标准 I/O 板都是下挂在 DeviceNet 现场总线下的设备，通过 X5 端口与 DeviceNet 现场总线进行通信。本次任务需要在系统中将用于通信的 I/O 板（DSQC651）的各个相关参数连接到现场总线中，让系统得以识别并进行通信应用。

相关理论

一、常用 ABB 标准 I/O 板的说明

常用的 ABB 标准 I/O 板见表 1-1-1（具体规格参数以 ABB 官方最新公准）。

表 1-1-1　ABB 标准 I/O 板

型　号	说　明
DSQC651	分布式 I/O 模块 di8/do8 ao2
DSQC652	分布式 I/O 模块 di16/do16
DSQC653	分布式 I/O 模块 di8/do8 带继电器
DSQC355A	分布式 I/O 模块 ai4/ao4
DSQC377A	输送链跟踪单元

二、ABB 标准 I/O 板 DSQC651

DSQC651 板主要提供八个数字输入信号、八个数字输出信号和两个模拟输出信号的处理。

1. 模块接口说明（图 1-1-1）

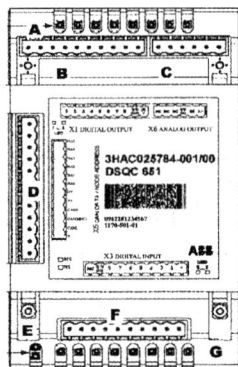

A　数字输出信号指示灯

B　X1数字输出接口

C　X6模拟输出接口

D　X5DeviceNet接口

E　模块状态指示灯

F　X3数字输入接口

G　数字输入信号指示灯

图 1-1-1　DSQC651 板

2. 模块接口连接说明

X1端子见表 1-1-2。

表 1-1-2　X1端子

X1端子编号	使用定义	地址分配
1	OUTPUT CH1	32
2	OUTPUT CH2	33
3	OUTPUT CH3	34

X1端子编号	使用定义	地址分配
4	OUTPUT CH4	35
5	OUTPUT CH5	36
6	OUTPUT CH6	37
7	OUTPUT CH7	38
8	OUTPUT CH8	39
9	0V	
10	24V	

X3端子见表1-1-3。

表1-1-3　X3端子

X3端子编号	使用定义	地址分配
1	INPUT CH1	0
2	INPUT CH2	1
3	INPUT CH3	2
4	INPUT CH4	3
5	INPUT CH5	4
6	INPUT CH6	5
7	INPUT CH7	6
8	INPUT CH8	7
9	0V	
10	未使用	

X5端子见表1-1-4。

表1-1-4　X5端子

X5端子编号	使用定义
1	0V BLACK
2	CAN信号线 low BLUE
3	屏蔽线
4	CAN信号线 high WHITE
5	24V RED
6	GND 地址选择公共端
7	模块 ID bit 0（LSB）

X5 端子编号	使用定义
8	模块 ID bit 1 (LSB)
9	模块 ID bit 2 (LSB)
10	模块 ID bit 3 (LSB)
	模块 ID bit 4 (LSB)
	模块 ID bit 5 (LSB)

注：BLACK 黑色，BLUE 蓝色，WHITE 白色，RED 红色。

X6 端子见表 1-1-5。

表 1-1-5 X6 端子

X6 端子编号	使用定义	地址分配
1	未使用	
2	未使用	
3	未使用	
4	0V	
5	模拟输出 ao1	0～15
6	模拟输出 ao2	16～31

三、DSQC651 板的相关参数

设置 DSQC651 板的总线连接的相关参数说明见表 1-1-6。

表 1-1-6 DSQC651 板的相关参数

参数名称	设定值	说　明
Name	board10	设定 I/O 板在系统中的名字
Type of Unit	d651	设定 I/O 板的类型
Connected to Bus	DeviceNet1	设定 I/O 板连接的总线
DeviceNet Address	10	设定 I/O 板在总线中的地址

任务准备

实施本次任务所使用的实训设备及工具材料可参考表 1-1-7。

表 1-1-7 实训设备及工具材料

序　号	名　称	型号规格	数　量	单　位	备　注
1	ABB 焊接机器人	IRB1410	1	套	固定工作台

任务实施

操作任务	DSQC651 板的配置与连接	姓名	
学号		组别	

① 在主菜单选项中选择"控制面板"。

② 在"控制面板"项目菜单中选择"配置"。

③ 双击"Unit",进行 DSQC651 模块的设定。

续表

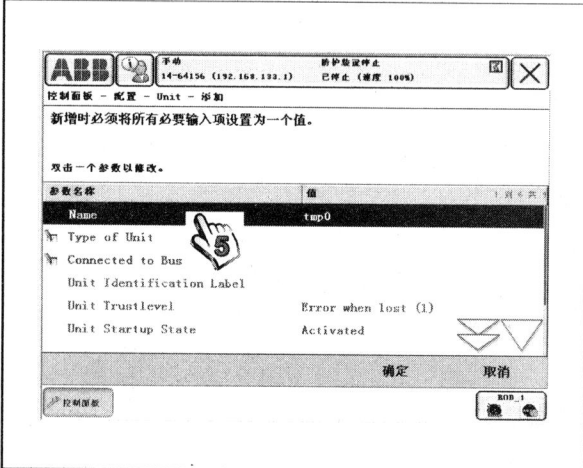

	单击"添加"。
	双击"Name"进行 DSQC651 板在系统中名字的设定。
	在系统中将 DSQC651 板的名字设定为"board10"（10 代表此模块在 DeviceNet 总线中的地址，方便识别），然后单击"确定"。

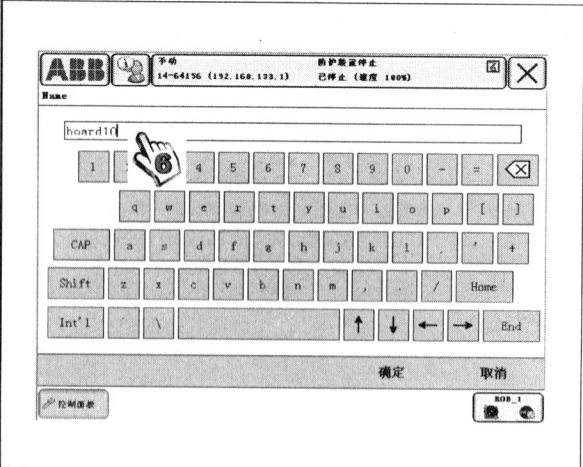

续表

	☞ 7 双击"Type of Unit"。
	☞ 8 选择"d651",然后单击"确定"。
	☞ 9 双击"Connected to Bus",选择"DeviceNet1"。

续表

	⑩ 单击向下翻页箭头。
	⑪ 将"DeviceNet Address"设定为 10,然后单击"确定"。
	⑫ 单击"是",系统将重新启动,完成定义 DSQC651 板的总线连接操作。

检查评议

姓名			学号		分值	自评	互评	师评
序号	考核项目		评分标准					
1	学习态度		是否守纪（不迟到、不早退、不高声说话、不串岗）		5			
			在任务实施过程中表现出积极性、主动性和发挥作用		5			
2	学习方法		是否运用各种资料提取信息进行学习，获得新知识		2			
			在任务实施过程中，是否发现问题、分析问题和解决问题		3			
			是否认真分析任务		3			
			是否认真将资料完整归档		2			
3	任务完成情况		能否在机器人控制柜中找出 I/O 板（DSQC651）所在位置		20			
			能否理解总线连接相关参数的含义		20			
			能否掌握 DSQC651 板的总线连接定义操作		30			
4	职业素养		团队关系融洽，共同制订计划完成任务		2			
			发现问题协商解决，认真对待他人意见		2			
			主动沟通，语言表达流利		2			
			具备安全防护与环保意识		2			
			做好 6S（整理、整顿、清洁、清扫、素养、安全）		2			
			总分		100			

任务 2　定义数字输入 di1 与输出 do1 信号

学习目标

知识目标：
了解 ABB 数字输入输出信号的相关名称。

能力目标：
能够在系统中对数字输入输出信号进行配置。

任务描述

某焊接机器人集成企业在装配机器人系统时需要将特定的数字输入信号和数字输出信号添加到机器人的操作系统中。现已完成外围设备信号线路的接线工作,为了让该机器人系统能够识别这些信号,需要对该机器人系统进行修改操作。企业培训师须对员工进行培训才能完成此项工作。

任务分析

在没有确定数字输入输出信号的具体名称和用途的时候使用阿拉伯数字对该信号进行配置,我们需要对表1-2-1、表1-2-2中的数字输入输出信号的相关参数进行配置。

表 1-2-1 数字输入信号相关参数

序 号	参数名称	设定值	说 明
1	Name	dil	设定数字输入信号的名字
2	Type of Signal	Digital Input	设定信号的类型
3	Assigned to Unit	board10	设定信号所在的 I/O 模块
4	Unit Mapping	0	设定信号所占用的地址

表 1-2-2 数字输出信号相关参数

序 号	参数名称	设定值	说 明
1	Name	dol	设定数字输出信号的名字
2	Type of Signal	Digital Output	设定信号的类型
3	Assigned to Unit	board10	设定信号所在的 I/O 模块
4	Unit Mapping	32	设定信号所占用的地址

任务准备

实施本次任务所使用的实训设备及工具材料可参考表1-2-3。

表 1-2-3 实训设备及工具材料

序 号	名 称	型号规格	数 量	单 位	备 注
1	ABB 焊接机器人	IRB1410	1	套	固定工作台

任务实施

操作任务1	定义数字输入 di1 信号	姓名	
学号		组别	

① 在主菜单选项中选择"控制面板"。

② 在"控制面板"项目菜单中选择"配置"。

③ 双击"Signal"，进行信号的添加设定。

续表

	④ 单击"添加"。
	⑤ 双击"Name"给输入信号在系统中起一个名字。
	⑥ 输入"di1",然后单击"确定"。

	7 双击 "Type of Signal"，选择 "Digital Input"。
	8 双击 "Assigned to Unit"，选择信号所在的 I/O 模块 "board10"。
	9 双击 "Unit Mapping"，进行地址的设定。

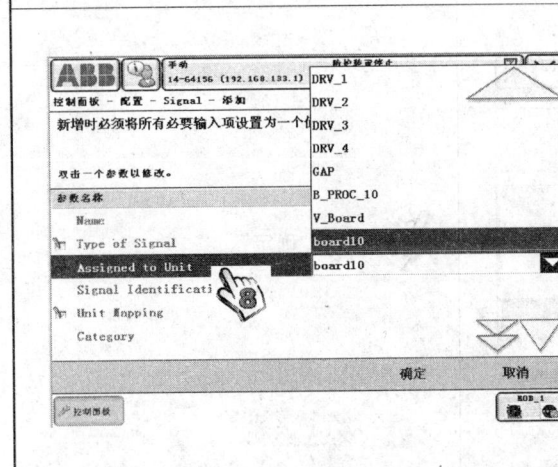

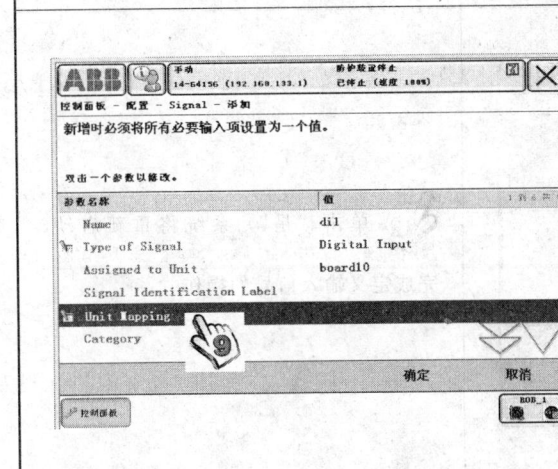

⑩ 输入"0",然后单击"确定"。

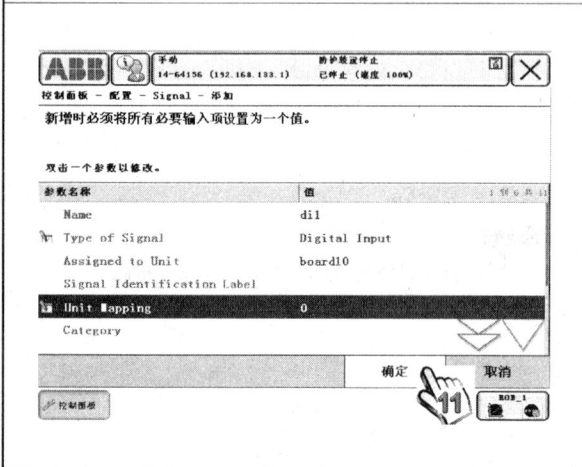

⑪ 单击"确定"。

⑫ 单击"是",系统将重新启动,完成定义输入信号的操作。

操作任务 2	定义数字输出 do1 信号	姓名	
学号		组别	

① 双击"Signal",进行信号的添加设定。

② 单击"添加"。

③ 双击"Name"给输出信号在系统中起一个名字。

续表

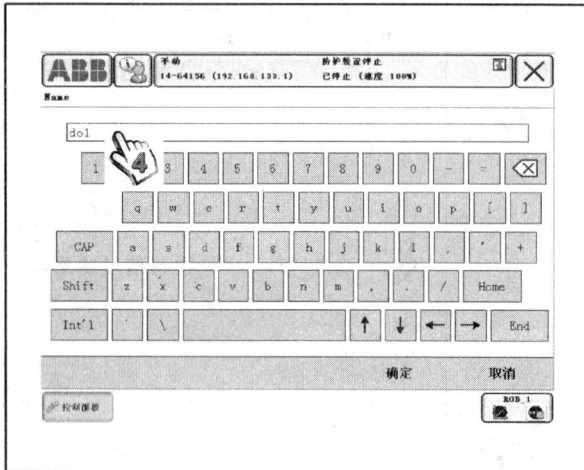	☞④ 输入 "do1"，然后单击 "确定"。
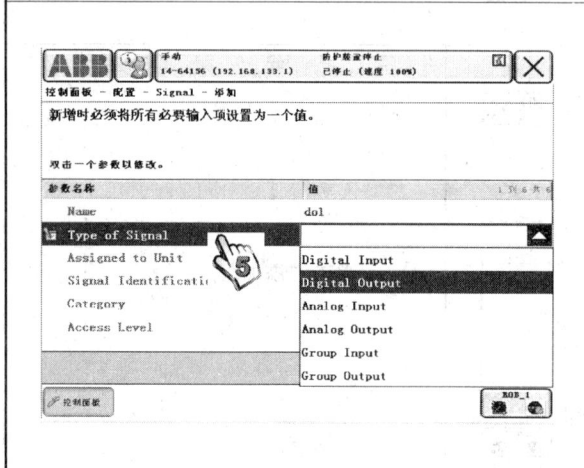	☞⑤ 双击 "Type of Signal"，选择信号类型为 "Digital Output"。
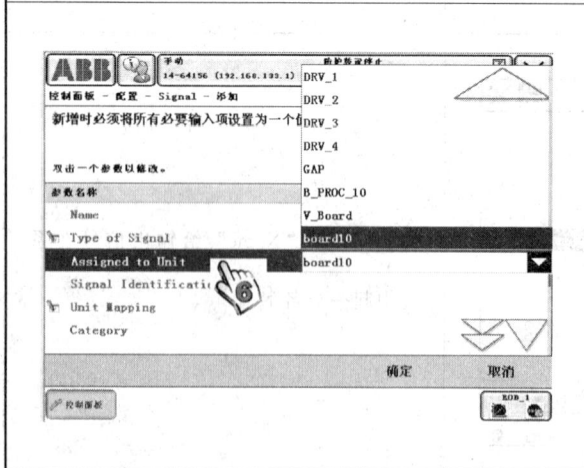	☞⑥ 双击 "Assigned to Unit"，选择信号所在的 I/O 模块 "board10"。

	7 双击"Unit Mapping"，进行地址的设定。
	8 输入"32"，然后单击"确定"。
	9 单击"确定"。

续表

⑩ 单击"是",系统将重新启动，完成定义输出信号的操作。

检查评议

姓名		学号		分值	自评	互评	师评
序号	考核项目		评分标准	分值	自评	互评	师评
1	学习态度	是否守纪（不迟到、不早退、不高声说话、不串岗）		5			
		在任务实施过程中表现出积极性、主动性和发挥作用		5			
2	学习方法	是否运用各种资料提取信息进行学习，获得新知识		2			
		在任务实施过程中，是否发现问题、分析问题和解决问题		3			
		是否认真分析任务		3			
		是否认真将资料完整归档		2			
3	任务完成情况	能否在 DSQC651 板上找出数字输入与输出接口所在位置		20			
		能否理解数字输入与数字输出在实际应用中的含义		20			
		能否掌握数字输入与数字输出信号的定义操作		30			
4	职业素养	团队关系融洽，共同制订计划完成任务		2			
		发现问题协商解决，认真对待他人意见		2			
		主动沟通，语言表达流利		2			
		具备安全防护与环保意识		2			
		做好 6S（整理、整顿、清洁、清扫、素养、安全）		2			
		总分		100			

任务3 定义组输入 gi1 与组输出 go1 信号

学习目标

知识目标：

了解 ABB 组输入输出信号的相关名称。

能力目标：

能够在系统中对组输入输出信号进行配置。

任务描述

某焊接机器人集成企业在装配机器人系统时需要将特定的组输入信号和组输出信号添加到机器人的操作系统中。现已完成外围设备信号线路的接线工作，为了让该机器人系统能够识别这些信号，需要对该机器人系统进行修改操作。企业培训师须对员工进行培训才能完成此项工作。

任务分析

在本次任务中，组输入信号占用地址 1～4 共 4 位，可以代表十进制数 0～15；而组输出信号占用地址 33～36 也是 4 位，同样可以代表十进制数 0～15。如此类推，如果占用 5 位的话，可以代表十进制数 0～31。组输入输出信号的相关参数及状态见表 1-3-1、表 1-3-2、表 1-3-3、表 1-3-4。

表 1-3-1 组输入信号相关参数

序 号	参数名称	设定值	说 明
1	Name	gi1	设定组输入信号的名字
2	Type of Signal	Group Input	设定信号的类型
3	Assigned to Unit	board10	设定信号所在的 I/O 模块
4	Unit Mapping	1～4	设定信号所占用的地址

表 1-3-2 组输入信号状态

状 态	地址 1	地址 2	地址 3	地址 4	十进制数
	1	2	4	8	
状态 1	0	1	0	1	2+8=10
状态 2	1	0	1	1	1+4+8=13

表 1-3-3 组输出信号相关参数

序　号	参数名称	设定值	说　明
1	Name	go1	设定组输出信号的名字
2	Type of Signal	Group Output	设定信号的类型
3	Assigned to Unit	board10	设定信号所在的 I/O 模块
4	Unit Mapping	33～36	设定信号所占用的地址

表 1-3-4 组输出信号状态

状　态	地址 33	地址 34	地址 35	地址 36	十进制数
	1	2	4	8	
状态 1	0	1	0	1	2＋8＝10
状态 2	1	0	1	1	1＋4＋8＝13

任务准备

实施本次任务所使用的实训设备及工具材料可参考表 1-3-5。

表 1-3-5 实训设备及工具材料

序　号	名　称	型号规格	数　量	单　位	备　注
1	ABB 焊接机器人	IRB1410	1	套	固定工作台

任务实施

操作任务 1	定义组输入 gi1 信号		姓名	
学号			组别	
			在主菜单选项中选择"控制面板"。	

续表

<table>
<tr><td>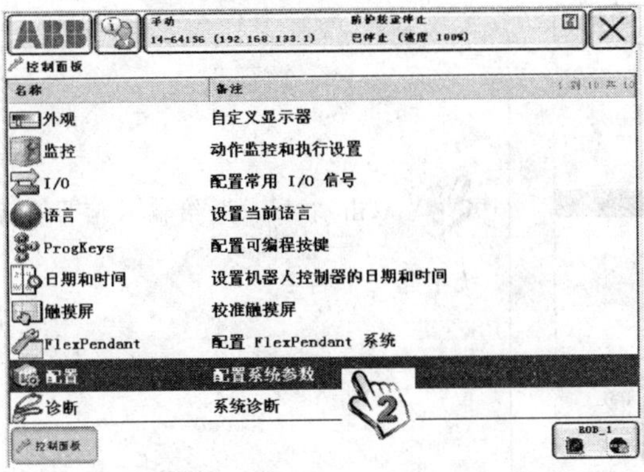
</td><td>在“控制面板”项目菜单中选择“配置”。</td></tr>
<tr><td>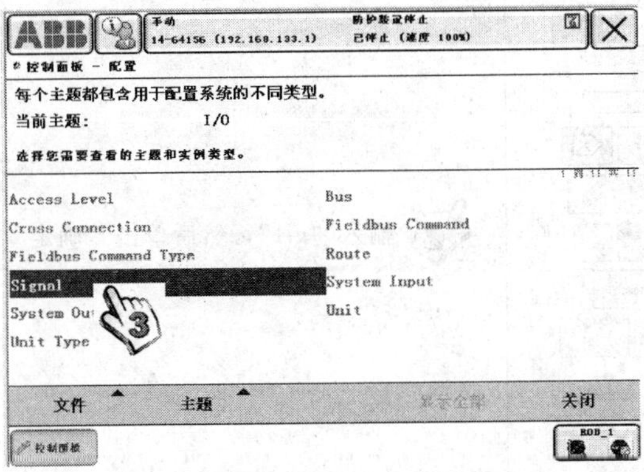
</td><td>双击“Signal”，进行信号的添加设定。</td></tr>
<tr><td>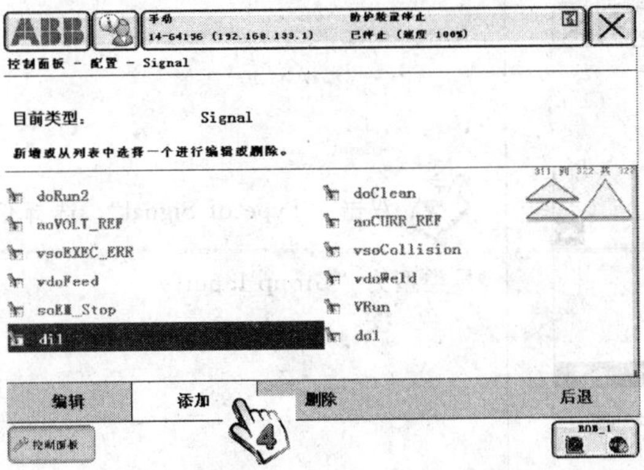
</td><td>单击“添加”。</td></tr>
</table>

续表

⑤ 双击"Name"给输入信号在系统中起一个名字。

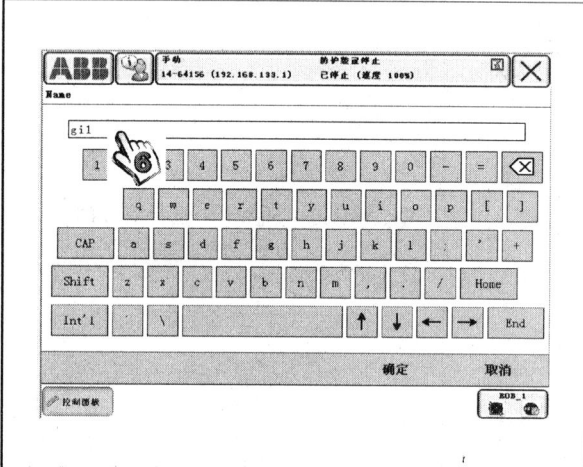

⑥ 输入"gi1"，然后单击"确定"。

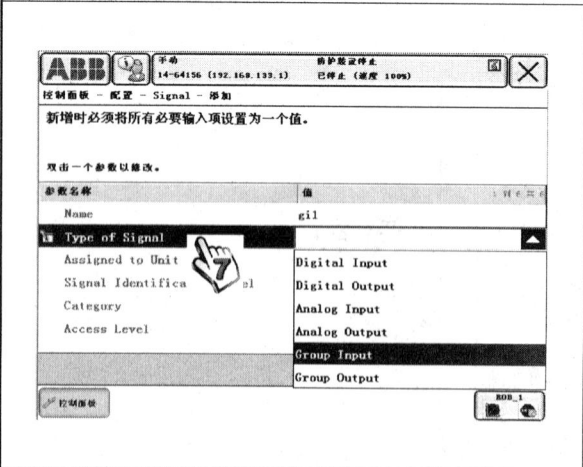

⑦ 双击"Type of Signal"，选择信号类型为"Group Input"。

续表

	⑧ 双击"Assigned to Unit",选择信号所在的 I/O 模块"board10"。
	⑨ 双击"Unit Mapping",进行地址的设定。
	⑩ 输入"1-4",然后单击"确定"。

续表

	11 单击"确定"。
	12 单击"是",系统将重新启动,完成定义输入信号的操作。

操作任务2	定义组输出 go1 信号	姓名	
学号		组别	
	双击"Signal",进行信号的添加设定。		

续表

	单击"添加"。
	双击"Name"给组输出信号在系统中起一个名字。
	输入"go1",然后单击"确定"。

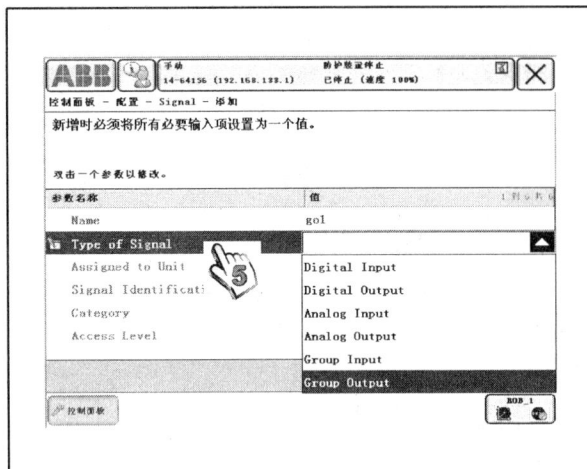	⑤ 双击"Type of Signal",选择信号类型为"Group Output"。
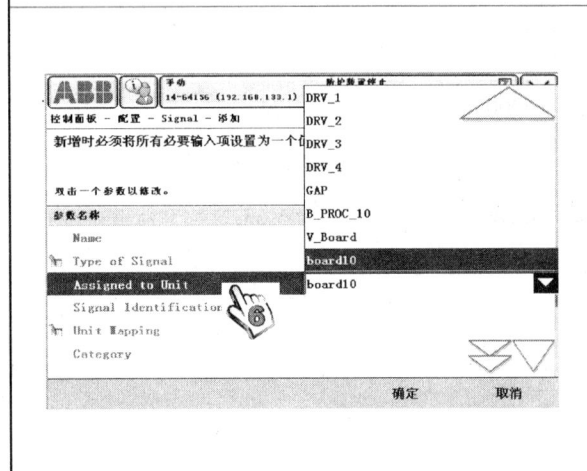	⑥ 双击"Assigned to Unit",选择信号所在的 I/O 模块"board10"。
	⑦ 双击"Unit Mapping",进行地址的设定。

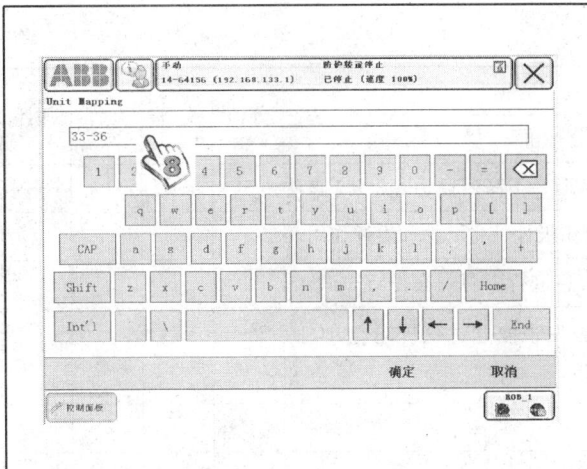

输入"33～36"，然后单击"确定"

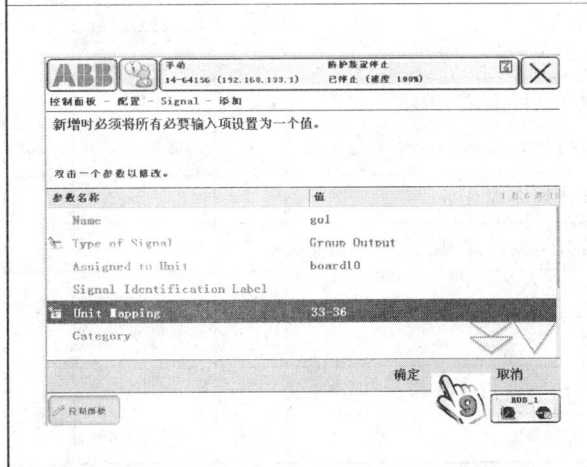

单击"确定"。

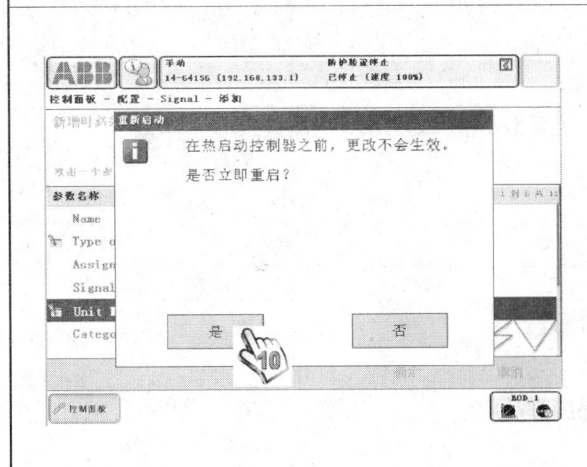

单击"是"，系统将重新启动，完成定义输出信号的操作。

检查评议

姓名			学号		分值	自评	互评	师评
序号	考核项目		评分标准		分值	自评	互评	师评
1	学习态度		是否守纪（不迟到、不早退、不高声说话、不串岗）		5			
			在任务实施过程中表现出积极性、主动性和发挥作用		5			
2	学习方法		是否运用各种资料提取信息进行学习，获得新知识		2			
			在任务实施过程中，是否发现问题、分析问题和解决问题		3			
			是否认真分析任务		3			
			是否认真将资料完整归档		2			
3	任务完成情况		能否理解状态与地址之间的关系		20			
			能否理解组输入与组输出在实际应用中的含义		20			
			能否掌握组输入与组输出信号在系统中的定义操作		30			
4	职业素养		团队关系融洽，共同制订计划完成任务		2			
			发现问题协商解决，认真对待他人意见		2			
			主动沟通，语言表达流利		2			
			具备安全防护与环保意识		2			
			做好 6S（整理、整顿、清洁、清扫、素养、安全）		2			
总分					100			

任务 4　定义模拟输出 ao1 信号

学习目标

知识目标：

了解 ABB 模拟输出信号的相关名称。

能力目标：

能够在系统中对模拟输出信号进行配置。

任务描述

某焊接机器人集成企业在装配机器人系统时需要将特定的模拟输出信号添加到机器人的操作系统中。现已完成外围设备信号线路的接线工作，为了让该机器人系统能够识别这些信号，需要对该机器人系统进行修改操作。企业培训师须对员工进行培训才能完成此项工作。

任务分析

我们需要对表1-4-1中的模拟输出信号的相关参数进行配置。

表1-4-1　模拟输出信号相关参数

序　号	参数名称	设定值	说　明
1	Name	aol	设定模拟输出信号的名字
2	Type of Signal	Analog Output	设定信号的类型
3	Assigned to Unit	board10	设定信号所在的I/O模块
4	Unit Mapping	0~15	设定信号所占用的地址
	Analog Encoding Type	Unsigned	设定模拟信号属性
	Maximum Logical Value	10	设定最大逻辑值
	Maximum Physical Value	10	设定最大物理值
	Maximum Bit Value	65535	设定最大位置

任务准备

实施本次任务所使用的实训设备及工具材料可参考表1-4-2。

表1-4-2　实训设备及工具材料

序　号	名　称	型号规格	数　量	单　位	备　注
1	ABB焊接机器人	IRB1410	1	套	固定工作台

任务实施

操作任务	定义模拟输出 ao1 信号	姓名	
学号		组别	

① 在主菜单选项中选择"控制面板"。

② 在"控制面板"项目菜单中选择"配置"。

③ 双击"Signal",进行信号的添加设定。

续表

图	操作
	单击"添加"。
	双击"Name"给模拟输出信号在系统中起一个名字。
	输入"ao1"，然后单击"确定"。

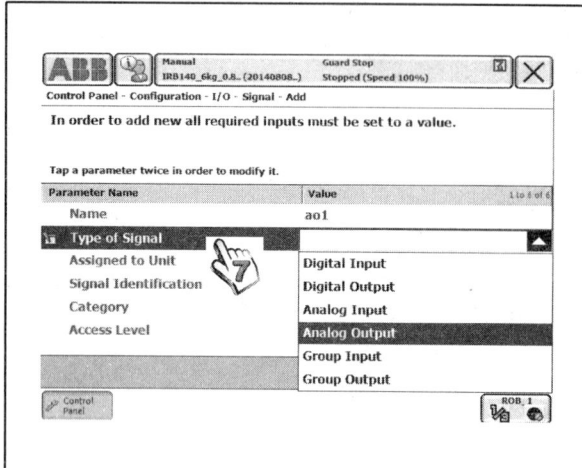

ABB　Manual　Guard Stop IRB140_6kg_0.8.. (20140808..)　Stopped (Speed 100%) Control Panel - Configuration - I/O - Signal - Add **In order to add new all required inputs must be set to a value.** Tap a parameter twice in order to modify it. Parameter Name　Value　1 to 6 of 6 Name　ao1 Type of Signal Assigned to Unit　Digital Input Signal Identification　Digital Output Category　Analog Input Access Level　**Analog Output** 　Group Input 　Group Output Control Panel　ROB_1	⑦ 双击"Type of Signal"，选择信号类型为"Analog Output"。
ABB　手动　防护装置停止 14-64156 (192.168.133.1) 控制面板 - 配置 - Signal - ao1　DRV_1 　DRV_2 名称：　ao1　DRV_3 双击一个参数以修改。　DRV_4 参数名称　GAP Name　B_PROC_10 Type of Signal　V_Board Assigned to Unit　board10 Signal Identification　board10 Unit Mapping Category 　确定　取消 控制面板　ROB_1	⑧ 双击"Assigned to Unit"，选择信号所在的 I/O 模块"board10"。
ABB　手动　防护装置停止 14-64156 (192.168.133.1)　已停止 (速度 100%) 控制面板 - 配置 - Signal - ao1 名称：　ao1 双击一个参数以修改。 参数名称　值　1 到 6 共 11 Name　ao1 Type of Signal　Group Output Assigned to Unit　board10 Signal Identification Label Unit Mapping　0-15 Category 　确定　取消 控制面板　ROB_1	⑨ 双击"Unit Mapping"，进行地址的设定。

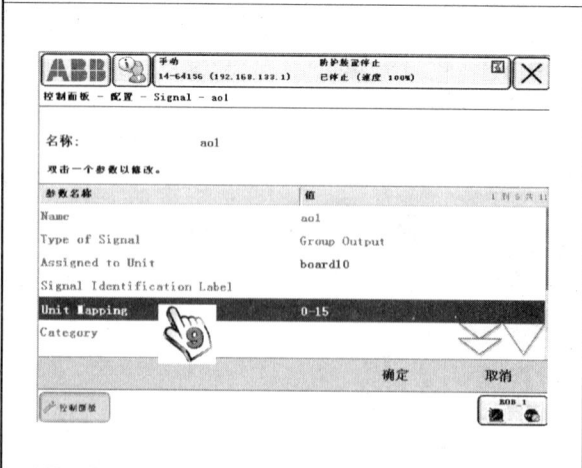

续表

	⑩ 输入 "0-15"，然后单击 "确定"。
	⑪ 双击 "Analog Encoding Type"，然后选择 "Unsigned"。
	⑫ 双击 "Maximum Logical Value"，然后输入 "10"。

⑬ 双击 "Maximum Physical Value"，然后输入 "10"。

⑭ 双击 "Maximum Bit Value"，然后输入 "65535"。

⑮ 单击 "是"，系统重新启动，完成模拟输出信号在系统中的设定。

检查评议

姓名			学号		分值	自评	互评	师评
序号	考核项目		评分标准					
1	学习态度		是否守纪（不迟到、不早退、不高声说话、不串岗）		5			
			在任务实施过程中表现出积极性、主动性和发挥作用		5			
2	学习方法		是否运用各种资料提取信息进行学习，获得新知识		2			
			在任务实施过程中，是否发现问题、分析问题和解决问题		3			
			是否认真分析任务		3			
			是否认真将资料完整归档		2			
3	任务完成情况		能否找出模拟信号在I/O板上的接口位置		20			
			能否理解模拟输出信号在实际应用中的含义		20			
			能否掌握模拟输出信号在系统中的定义操作		30			
4	职业素养		团队关系融洽，共同制订计划完成任务		2			
			发现问题协商解决，认真对待他人意见		2			
			主动沟通，语言表达流利		2			
			具备安全防护与环保意识		2			
			做好6S（整理、整顿、清洁、清扫、素养、安全）		2			
总分					100			

任务5 对I/O信号进行仿真与强制操作

学习目标

能力目标：
能对信号进行仿真和强制操作。

任务描述

某焊接机器人集成企业已完成外围设备信号线路的接线和系统的修改工作，为了检验这些信号能否正常工作，需要将这些信号进行仿真并强制操作。企业培训师须对员工进行培训才能完成此项工作。

任务分析

信号的仿真与强制操作是在系统中打开相应的仿真控制界面，对于数字信号可以输入"1"和"0"进行开关仿真操作，而对于组信号与模拟信号则输入需要模拟仿真的具体数值进行操作。

任务准备

实施本次任务所使用的实训设备及工具材料可参考表1-5-1。

表1-5-1 实训设备及工具材料

序 号	名 称	型号规格	数 量	单 位	备 注
1	ABB焊接机器人	IRB1410	1	套	固定工作台

任务实施

操作任务	对I/O信号进行仿真与强制操作		姓名	
学号			组别	
			① 在主菜单选项中选择"输入输出"。	
			② 在"视图"项目中选择"I/O单元"。	

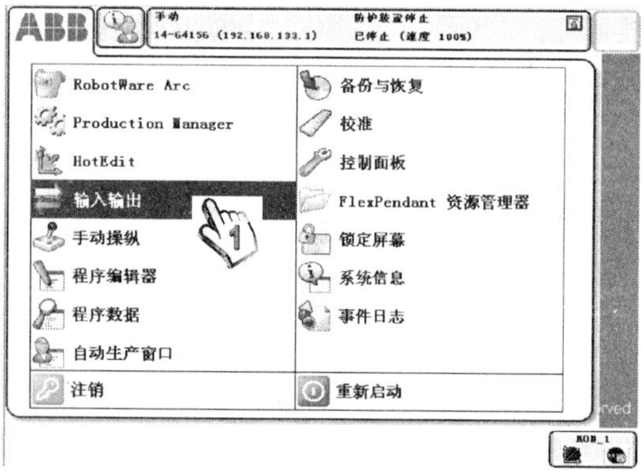

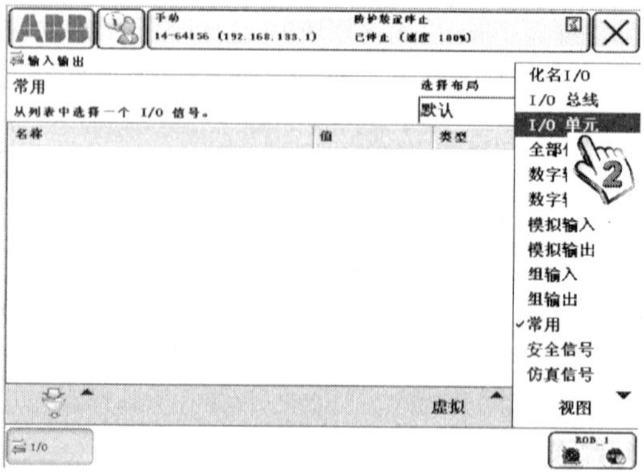

续表

③ 选择类型为"d651"的 I/O单元。

④ 单击"信号"。

⑤ 在这个画面中可看到系统目前已经定义好的各种信号。可对信号进行监控、仿真和强制操作。

⑥ 选中名称为"diClean"的数字输入信号。

⑦ 单击"仿真"。

续表

⑧ 单击"1",将该信号的仿真为动作状态;单击"0",将该信号的仿真为停止状态。

⑨ 仿真结束后单击"消除仿真"。

⑩ 选中名称为"doGas"的数字输出信号,按照数字输入信号的仿真操作方法对该信号进行强制仿真操作。

⑪ 选择名称为"giTask_POS"的组输入信号,然后单击"仿真"。

续表

	⑫ 单击"123"。
	⑬ 输入需要的数值（不能超过限值），然后单击"确定"进行强制仿真操作。
	⑭ 操作完成后，单击"消除仿真"。

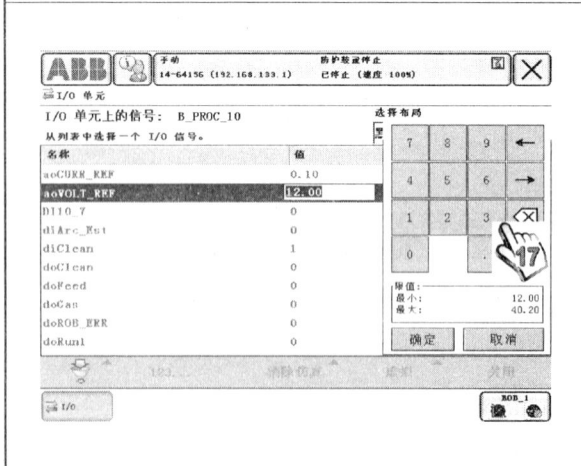

	选择模拟输出信号"aoVOLT _ REF",然后单击"仿真"。
	单击"123"。
	输入需要的数值(不能超过限值),然后单击"确定"进行强制仿真操作。

续表

操作完成后，单击"消除仿真"。

检查评议

姓名			学号		分值	自评	互评	师评
序号	考核项目		评分标准		分值	自评	互评	师评
1	学习态度		是否守纪（不迟到、不早退、不高声说话、不串岗）		5			
			在任务实施过程中表现出积极性、主动性和发挥作用		5			
2	学习方法		是否运用各种资料提取信息进行学习，获得新知识		2			
			在任务实施过程中，是否发现问题、分析问题和解决问题		3			
			是否认真分析任务		3			
			是否认真将资料完整归档		2			
3	任务完成情况		能否掌握数字输入输出的强制仿真操作		20			
			能否掌握组输入的强制仿真操作		20			
			能否掌握模拟输出信号的强制仿真操作		30			
4	职业素养		团队关系融洽，共同制订计划完成任务		2			
			发现问题协商解决，认真对待他人意见		2			
			主动沟通，语言表达流利		2			
			具备安全防护与环保意识		2			
			做好6S（整理、整顿、清洁、清扫、素养、安全）		2			
总分					100			

项目二

ABB机器人弧焊系统设置及使用

任务1 焊接机器人基本焊接配置

学习目标

知识目标：

1. 了解机器人焊接系统的基本组成。

2. 理解机器人系统与焊接电源的通信方式。

能力目标：

能够定义焊接电流与电压控制信号。

任务描述

某企业有一套焊接机器人需要更换焊接电源，按照控制柜与焊接电源的接线要求完成控制线路的连接。由于更换的焊机与原来的焊机品牌不一样，原来机器人系统配置的焊接电源的相关设置需要修改。现需要企业培训师对操作员工进行有关焊接电源配置的培训。

任务分析

本次任务主要讲述了ABB机器人系统如何配置松下焊机的控制信号，其中配置标准I/O板与数字信号在项目一中已经有较详细的介绍，在本次任务操作中就不再赘述。本次任务的重点操作内容为定义焊机输出的电流与电压信号，该信号属于模拟量输出（AO）信号。ABB标准I/O板模拟量输出信号的电压范围是：0～10V，该电压为机器人输出电压，焊机的电流与电压和机器人输出电压之间的关系如图2-1-1所示。

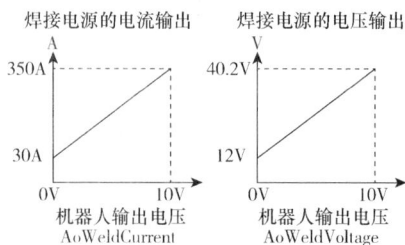

图2-1-1 焊机的电流与电压和机器人输出电压之间的关系

相关理论

一、机器人焊接系统的基本组成

机器人焊接系统主要由机器人控制柜、焊接电源、剪丝清枪机构与牛眼等组成（图2-1-2），根据不同的使用场合焊接系统还会配置其他与焊接有关的设备。其中焊接电源是该系统必不可缺的部分之一，ABB焊接机器人系统可以配置世界上所有大型厂家的焊接电源，如Fronius、Kemppi、OTC、Panasonic、ESAB等。

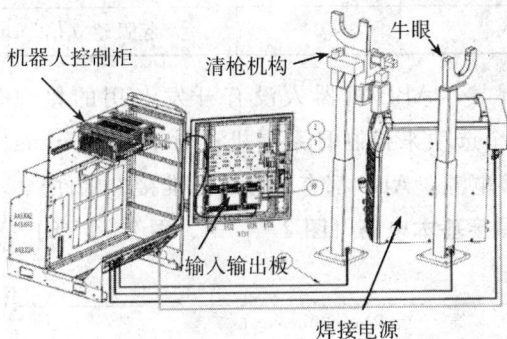

图2-1-2　焊接系统基本组成

二、机器人系统与焊接电源的通信

目前，ABB机器人焊接系统主要配置为松下焊接电源，故该系统主要以ABB标准I/O板来控制松下焊接电源为例。

1. ABB机器人和焊接电源的通信控制方式（图2-1-3）

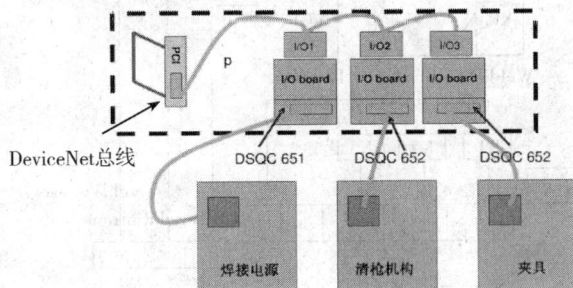

图2-1-3　通信控制方式

2. ABB机器人如何控制焊接电源

ABB机器人通常通过模拟量AO和数字量IO来控制焊接电源，通常选择D651板〔8输出，8输入，2模拟量输出（0～10V）〕，具体通信信号见表2-1-1。

表 2-1-1 通信信号

信　　号	地　　址	应　　用
AoWeldingCurrent（Ao）	0～15	控制焊接电流或者送丝速度
AoWeldingVoltage（Ao）	16～31	控制焊接电源
doWeldOn（数字输出）	32	起弧控制
doGasOn（数字输出）	33	送气控制
doFeed（数字输出）	34	点动送丝控制
diArcEst（数字输入）	0	起弧建立信号（焊机通知机器人）

注意：对于松下焊接，ABB 机器人没有开发专用的接口软件，因此必须选择 Standard IO Welder 这个选项来控制日系焊机；对于像 Fronius、ESAB、Kemppi（正在开发）、Miller 等焊接电源，ABB 都有相应的标准接口软件。

3. ABB 控制松下焊接基本电路（图 2-1-4、图 2-1-5）

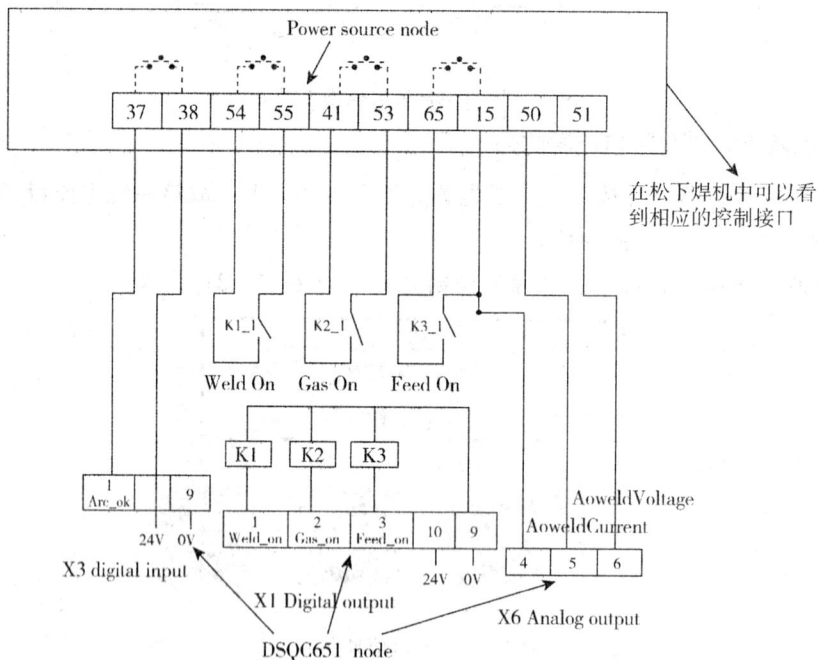

图 2-1-4　控制电路图

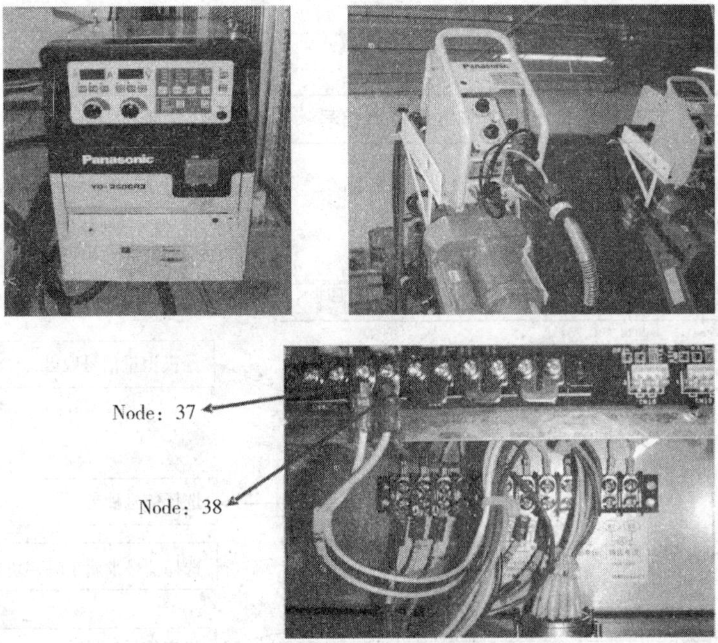

Node: 37

Node: 38

图 2-1-5　标准接口图

注意：38 节点只能接 24V（高电平）；37 号节点接到 ABB 输入输出板的输入端子。不能反向，否则容易造成损坏。

任务准备

实施本次任务所使用的实训设备及工具材料可参考表 2-1-2。

表 2-1-2　实训设备及工具材料

序　号	名　　称	型号规格	数　量	单　位	备　注
1	ABB 焊接机器人	IRB1410	1	套	固定工作台

任务实施

操作任务	定义焊机输出电流与电压控制信号	姓名	
学号		组别	

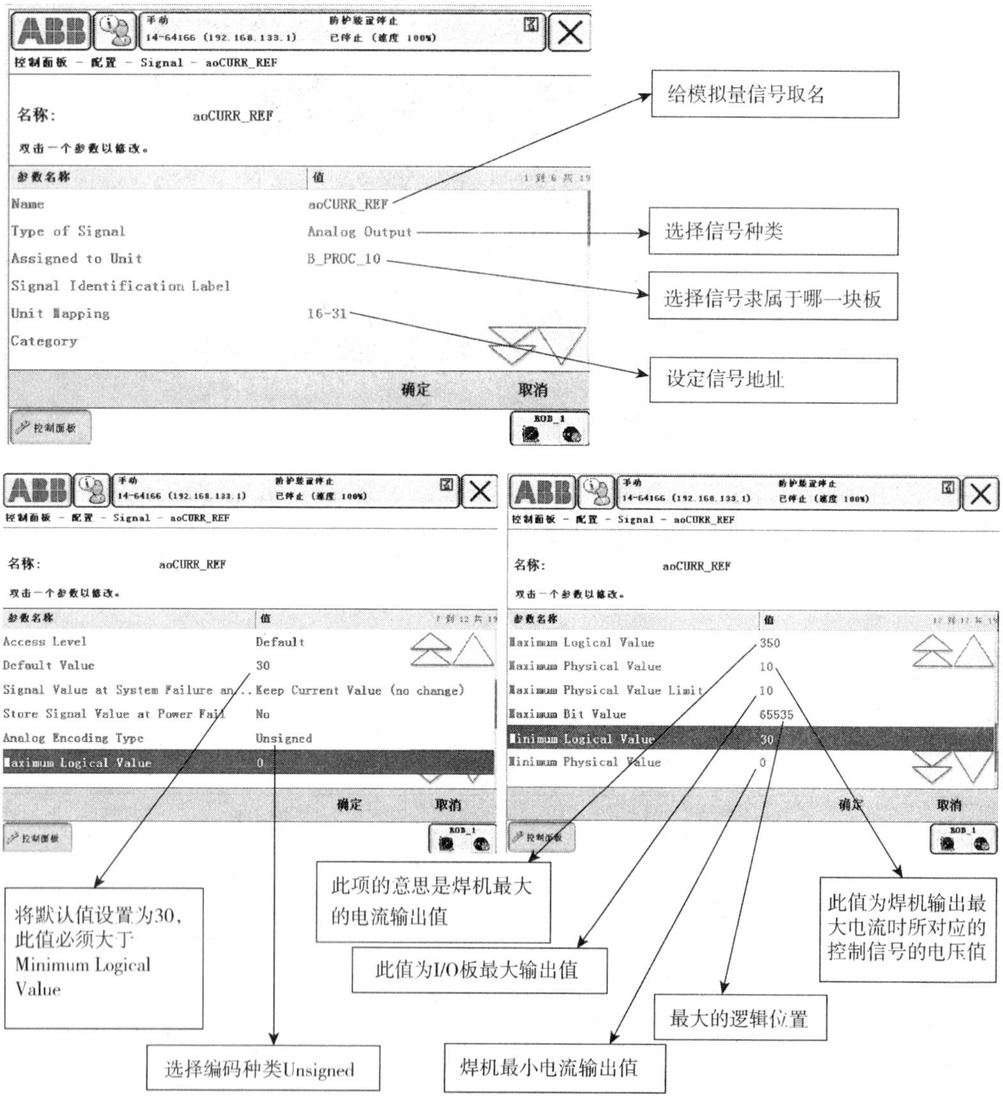

给模拟量信号取名

选择信号种类

选择信号隶属于哪一块板

设定信号地址

将默认值设置为30，此值必须大于Minimum Logical Value

选择编码种类Unsigned

此项的意思是焊机最大的电流输出值

此值为I/O板最大输出值

焊机最小电流输出值

最大的逻辑位置

此值为焊机输出最大电流时所对应的控制信号的电压值

ABB 手动 14-64166 (192.168.133.1)　防护装置停止 已停止 (速度 100%)

控制面板 - 配置 - Signal - aoCURR_REF

名称:　　　　aoCURR_REF

双击一个参数以修改。

参数名称	值	14 到 19 共 19
Maximum Physical Value Limit	10	
Maximum Bit Value	65535	
Minimum Logical Value	30	
Minimum Physical Value	0	
Minimum Physical Value Limit	0	
Minimum Bit Value	0	

确定　　　取消

控制面板　　　ROB_1

> 焊机输出最小电流时所对应的控制信号的电压值

> 机器人I/O板输出的最小电压值

ABB 手动 14-64166 (192.168.133.1)　防护装置停止 已停止 (速度 100%)

控制面板 - 配置 - Signal - aoVOLT_REF

名称:　　　　aoVOLT_REF

双击一个参数以修改。

参数名称	值	1 到 6 共 19
Name	aoVOLT_REF	
Type of Signal	Analog Output	
Assigned to Unit	B_PROC_10	
Signal Identification Label		
Unit Mapping	0-15	
Category		

确定　　　取消

控制面板　　　ROB_1

> 给信号取名

> 选择信号的类型

> 选择此信号隶属于哪一块I/O板

> 设置信号的地址

ABB 手动 14-64166 (192.168.133.1)　防护装置停止 已停止 (速度 100%)

控制面板 - 配置 - Signal - aoVOLT_REF

名称:　　　　aoVOLT_REF

双击一个参数以修改。

参数名称	值	7 到 12 共 19
Access Level	Default	
Default Value	12	
Signal Value at System Failure an...	Keep Current Value (no change)	
Store Signal Value at Power Fail	No	
Analog Encoding Type	Unsigned	
Maximum Logical Value	0	

确定　　　取消

控制面板　　　ROB_1

> 设置焊机输出电压的默认值,此值必须大于等于 Minimum Logical Value

> 选择编码类型为 Unsigned

续表

焊机最大的电压输出

最大电压输出所需的控制电压

机器人I/O板的最大电压输出

最大位值

焊机的最小电压输出

检查评议

姓名			学号		分值	自评	互评	师评
序号	考核项目		评分标准		分值	自评	互评	师评
1	学习态度		是否守纪（不迟到、不早退、不高声说话、不串岗）		5			
			在任务实施过程中表现出积极性、主动性和发挥作用		5			
2	学习方法		是否运用各种资料提取信息进行学习，获得新知识		2			
			在任务实施过程中，是否发现问题、分析问题和解决问题		3			
			是否认真分析任务		3			
			是否认真将资料完整归档		2			
3	任务完成情况		能否理解焊接机器人的通信方式		20			
			能否定义焊机电流输出信号		20			
			能否定义焊机电压输出信号		30			
4	职业素养		团队关系融洽，共同制订计划完成任务		2			
			发现问题协商解决，认真对待他人意见		2			
			主动沟通，语言表达流利		2			
			具备安全防护与环保意识		2			
			做好6S（整理、整顿、清洁、清扫、素养、安全）		2			
总分					100			

任务 2　机器人弧焊属性及焊接调试

知识目标：

1. 了解 ABB 焊接系统的配置组成和特点。

2. 掌握机器人焊接参数的含义。

能力目标：

1. 能够完成机器人焊接调试过程。

2. 能够正确配置机器人焊接参数。

任务描述

某零件焊接加工工厂刚刚购买了几套焊接机器人工作站，由于该企业没有相关技术的员工，只能抽调工厂的其他专业技术人员进行操作与程序编程调试工作。该批工程技术人员需要掌握一定的焊接程序编程与系统维护的有关知识，以满足日常工作需要。现需要机器人技术培训师对其进行专业培训。

任务分析

在焊接机器人工作台上进行钢板试件的焊接操作是焊接机器人操作和维护人员最基本也是最重要的一项训练内容，要想调试出一道理想的焊缝，除了需要操作者熟练应用机器人示教编程之外，还需了解机器人弧焊的一些属性设置和调用。本次任务的操作部分要求操作者在了解完 ABB 焊接系统的基本知识之后，在一块钢板上面用机器人编程焊接出一道外观合格的焊缝，程序轨迹如图 2-2-1 所示。

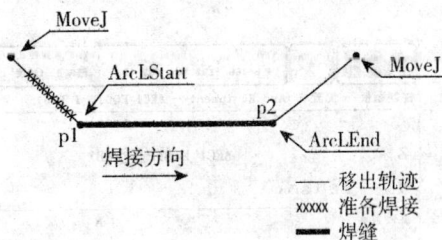

图 2-2-1　程序轨迹

相关理论

一、ABB 焊接系统的配置组成和特点

1. ABB 机器人通过 Arcware 来控制焊接的整个过程

（1）在焊接过程中实时监控焊接的过程，检测焊接是否正常。

（2）当错误发生时，Arcware 会自动将错误代码和处理方式显示在机器人示教器上。

（3）客户只需要对焊接系统进行基本的配置即可以完成对焊机的控制。

（4）焊接系统高级功能：激光跟踪系统的控制和电弧跟踪系统的控制。

（5）其他功能：生产管理和清枪控制、接触传感控制等。

Arcware 主要可以分为三个部分：焊接设备、焊接系统与焊接传感器。

2. 焊接设备

（1）进入到过程控制菜单（图2-2-2）

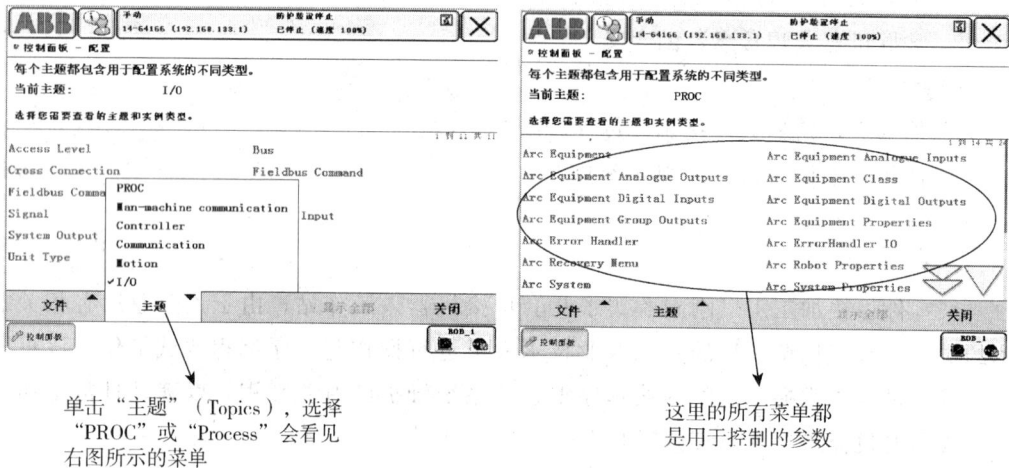

单击"主题"（Topics），选择
"PROC"或"Process"会看见
右图所示的菜单

这里的所有菜单都
是用于控制的参数

图2-2-2 过程控制菜单

（2）Arc Equipment（焊接设备）（图2-2-3）

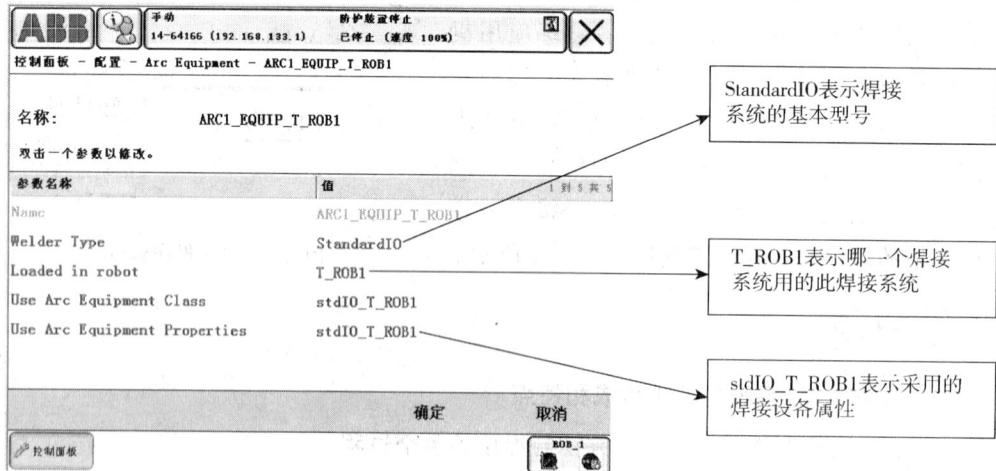

StandardIO表示焊接
系统的基本型号

T_ROB1表示哪一个焊接
系统用的此焊接系统

stdIO_T_ROB1表示采用的
焊接设备属性

图2-2-3 焊接设备

（3）Arc Equipment Properties（焊接设备属性）（图2-2-4）

这些I/O信号表示焊接设备所采用输入输出信号，这些信号主要用于控制焊机

对于通用焊接，只需要配置以下这些属性：
Arc Equipment IO DI（Arc Equipment Digital Inputs）
Arc Equipment IO DO（Arc Equipment Digital Outputs）
Arc Equipment IO AO（Arc Equipment Analogue Outputs）

图2-2-4　焊接设备属性

（4）Arc Equipment Digital Inputs（焊接设备数字输入）（图2-2-5）

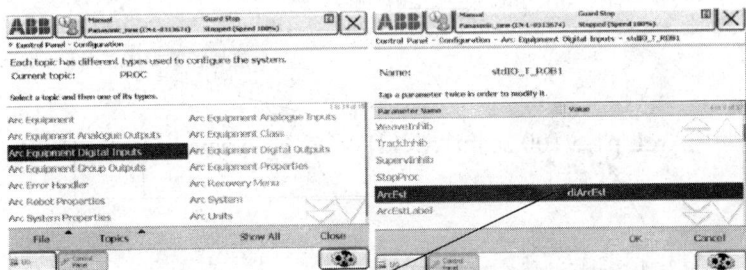

焊接的起弧建立信号必须设置，它表示焊机起弧成功后会通过此信号告诉机器人，机器人在起弧成功后才能开始运动

图2-2-5　焊接设备数字输入

（5）Arc Equipment Digital Outputs（焊接设备数字输出）（图2-2-6）

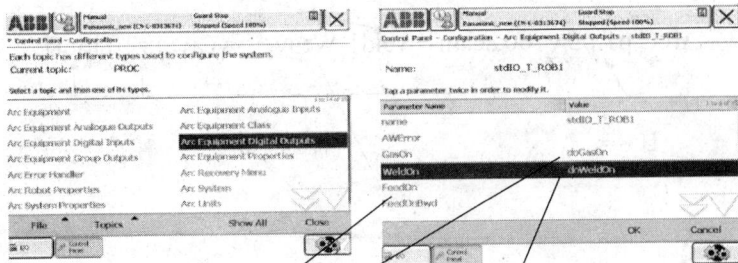

设置焊机的送气控制信号

WeldOn信号控制焊机的起弧信号

点动送丝信号，这个信号可以不用配置，如果焊机的点动送丝和正常的送丝信号没有隔离，则此信号不能配置，否则焊接过程会出错

图2-2-6　焊接设备数字输出

（6）Arc Equipment Analogue Outputs（模拟量）（图 2-2-7）

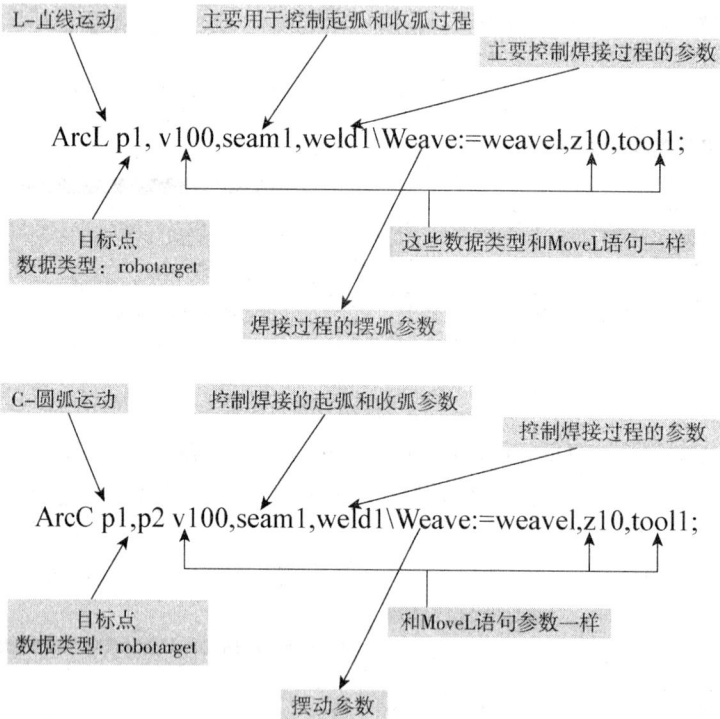

焊机输出电压信号　焊机电流信号

图 2-2-7　模拟量

（7）基本焊接语句（图 2-2-8）

L-直线运动　　主要用于控制起弧和收弧过程

主要控制焊接过程的参数

ArcL p1, v100,seam1,weld1\Weave:=weavel,z10,tool1;

目标点
数据类型：robotarget

这些数据类型和MoveL语句一样

焊接过程的摆弧参数

C-圆弧运动　　控制焊接的起弧和收弧参数

控制焊接过程的参数

ArcC p1,p2 v100,seam1,weld1\Weave:=weavel,z10,tool1;

目标点
数据类型：robotarget

和MoveL语句参数一样

摆动参数

图 2-2-8　基本焊接语句

（8）Seam data（起弧收弧参数的基本配置）（图 2-2-9）

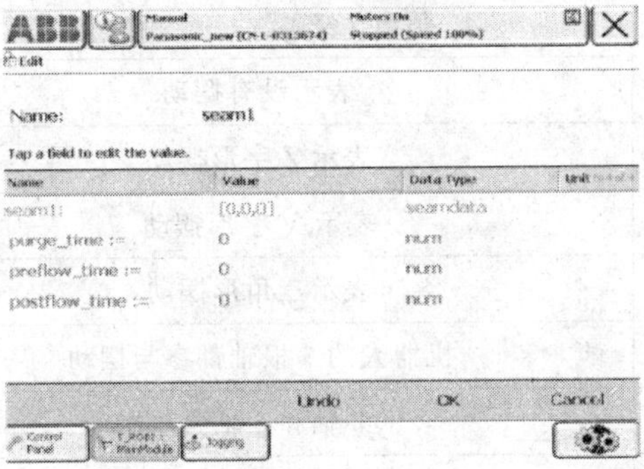

purge_time:表示焊接开始时的清理枪管中空气的时间，以秒为单位，这个时间不会影响焊接的时间

preflow_time:表示预送气的时间，以秒为单位，此过程表示焊枪到达焊接位置时对焊接工件进行保护

postflow_time:尾送气时间，对焊缝进行继续保护，以秒为单位

图 2-2-9 起弧收弧参数

（9）Weld data（焊接参数）（图 2-2-10）

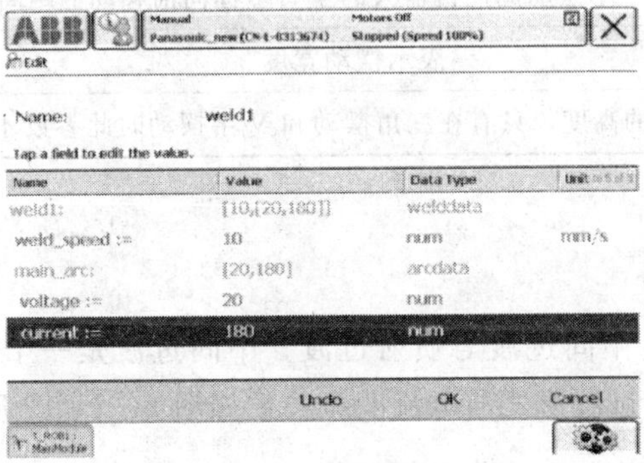

weld_speed:机器人的焊接速度，单位为mm/s

voltage:焊接的电压

current:焊接的电流

图 2-2-10 焊接参数

（10）Weave data（摆动参数）（图 2-2-11）

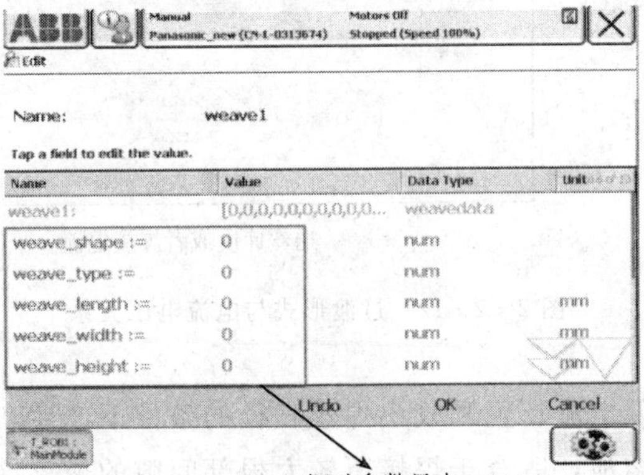

摆动参数见表2-2-1

图 2-2-11 摆动参数

表 2 - 2 - 1　摆动参数

摆动项目	摆动含义	
weave_shape（摆动的形状）	0	表示没有摆动
	1	表示 Z 字形摆动
	2	表示 V 字形摆动
	3	表示三角形摆动
weave_type（摆动模式）	0	机器人的 6 根轴都参与摆动
	1	表示 5 轴和 6 轴参与摆动
	2	表示 1，2，3 轴参与摆动
	3	表示 4，5，6 轴参与摆动
weave_length（摆动周期）	表示一个摆动周期机器人的工具坐标向前移动的距离	
weave_width（摆动宽度）	表示摆动宽度	
weave_height（摆动高度）	表示摆动的高度，只有在三角摆动和 V 字摆动时此参数才有效	

二、基本焊接培训

1. 金属焊接的过渡形式

金属焊接的过渡形式有短路过渡、中间过渡与喷射过渡。中间过渡是一个不稳定的过渡形式，在焊接过程中应该避免。过渡形式与电流电压关系如图 2 - 2 - 12 所示。

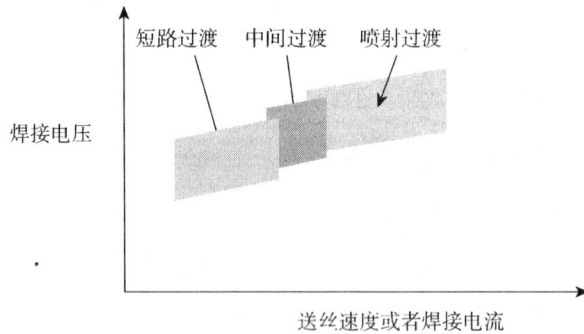

图 2 - 2 - 12　过渡形式与电流电压关系

（1）短路过渡

短路过渡在采用低电流装置和较小焊丝直径的条件下产生，短路过渡易形成一个较小的、迅速冷却的熔池，适合于焊接留较大根部间隙的横梁结构，适合于全位置焊接。焊丝通过电弧间隙时没有熔滴过渡发生，当接触到焊接熔池时才会发生熔滴过渡。短路过渡在一个周期内电流电压的变化过程及焊接过程如图 2 - 2 - 13、图 2 - 2 - 14 所示。

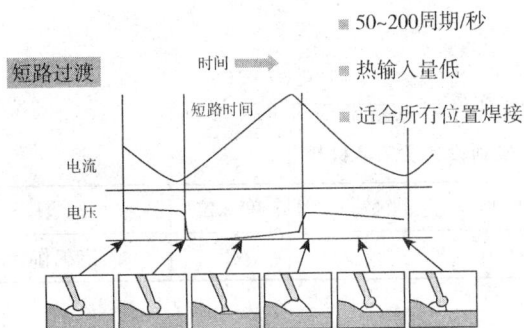

图 2-2-13 一个周期内电流电压的变化过程

图 2-2-14 短路过渡焊接过程

（2）喷射过渡（图 2-2-15）

熔滴呈细小颗粒并以喷射状态快速通过电弧空间向熔池过渡的形式，称为喷射过渡。喷射过渡可分为射滴过渡和射流过渡两种形式。

①射滴过渡：在某些条件下，形成的熔滴尺寸与焊丝直径相近，焊丝金属以较明显的分离熔滴形式和较高的速度沿焊丝轴向射向熔滴的过渡形式，称为射滴过渡。

图 2-2-15 喷射过渡

②射流过渡：在某些条件下，因电弧热和电弧力的作用，焊丝端头熔化的金属压成铅笔尖状，以细小的熔滴从液柱尖端高速轴向射入熔池的过渡形式，称为射流过渡。这些直径远小于焊丝直径的熔滴过渡，频率很高，看上去好像是在焊丝端部存在一条流向熔池的金属液流。

2. 焊接角度

机器人焊接属于自动化焊接，在对比较复杂的零件焊接时需要外围变位机配合工作，当遇到立焊、横焊和仰焊位置时可以利用变位机将这些焊接位置转化成平焊位置进行焊接以提高焊缝质量。所以，与手工焊接相比，机器人焊接时的焊接角度相对比较简单，常用的焊接角度如图 2-2-16、图 2-2-17 所示。

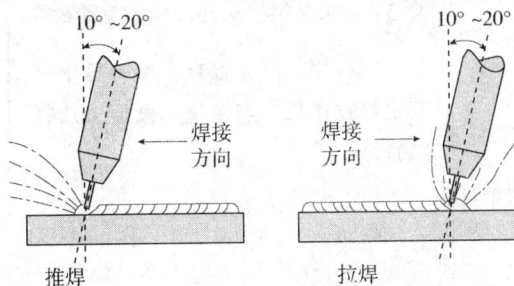

图 2-2-16 平焊位置角度

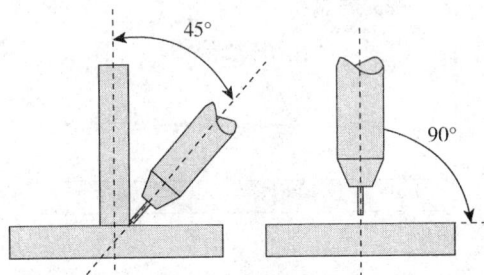

图 2-2-17 角焊位置角度

任务准备

实施本次任务所使用的实训设备及工具材料可参考表 2-2-2 所示。

表 2-2-2 实训设备及工具材料

序 号	名 称	型号规格	数 量	单 位	备 注
1	ABB 焊接机器人	IRB1410	1	套	固定工作台

任务实施

操作任务	直线焊缝的焊接编程及调试	姓名	
学号		组别	

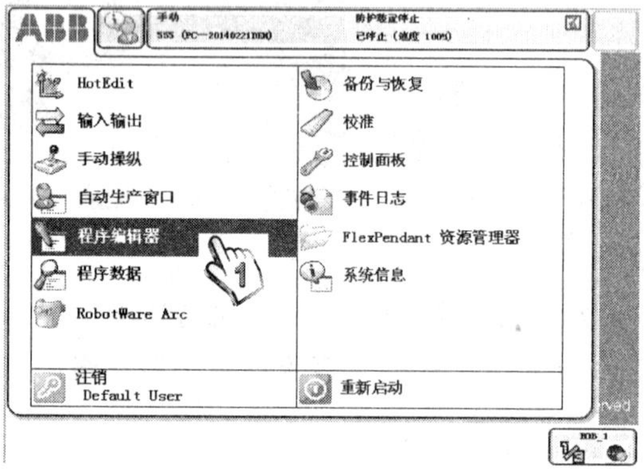

① 在主菜单选项中选择"程序编辑器"进行示教编程。

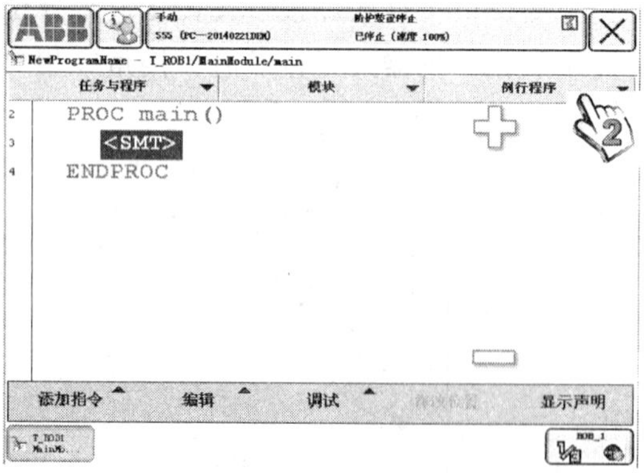

② 如果是第一次进入程序编辑器需要新建程序，但通常程序编辑器中会新建好程序任务，在编辑页面中选择"例行程序"。

续表

③ 选择"文件"新建一个例行程序。

④ 可以选择"ABC"对例行程序名称进行修改，单击"确定"退出。

⑤ 在"例行程序"列表中双击刚刚新建好的例行程序进入程序编程。

	必须在程序编辑界面中选中"SMT"（表示空语句），选择"添加指令"，在出现的"Common"目录下添加移动指令。
	在"Motion&Proc"目录下添加焊接指令。
	添加焊接指令后，如果之前没有出现过焊接指令，系统会要求添加焊接参数，这时可以单击"新建"，新建一个用于起弧收弧的焊接参数的变量。

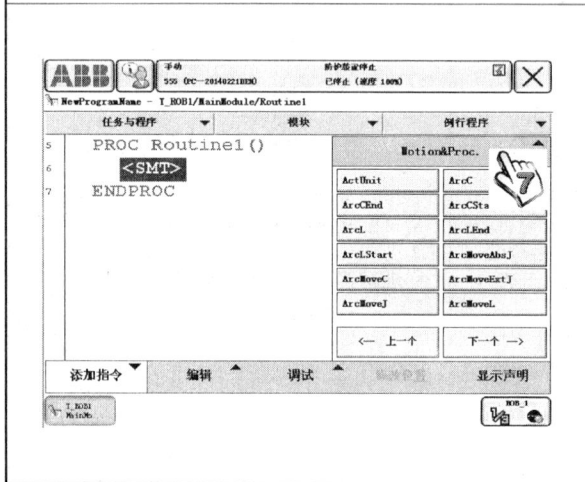

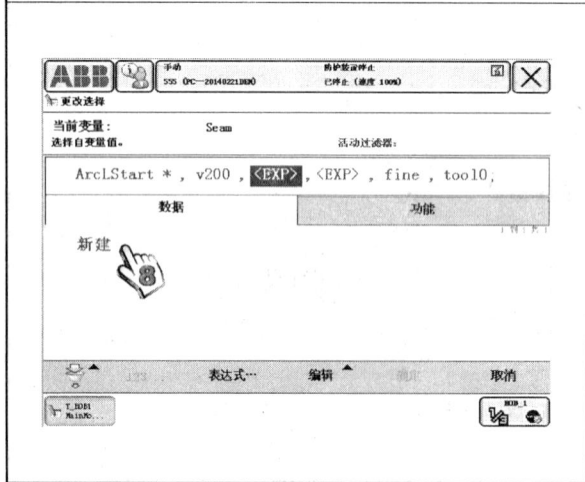

⑨ 使用默认变量名称，选择"确定"退出。

⑩ 单击"新建"，新建一个用于控制焊接过程参数的变量。

摆动焊接时需要在焊接指令程序段中调用出该参数变量。

⑪ 按照上述步骤建好程序，通过手动操纵机器人对每个程序段的目标点位置进行"修改位置"定位后，单步运行程序确定位置点无误后完成程序的编程。

续表

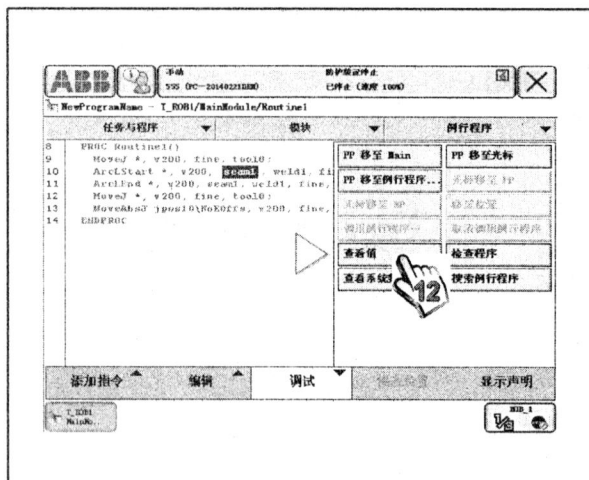	12 在程序编辑界面中选中需要设置的参数变量（名称相同的只需设置其中一个），在"调试"菜单中选择"查看值"进行参数设置（见图 2 - 2 - 9、图 2 - 2 - 10、图 2 - 2 - 11）。
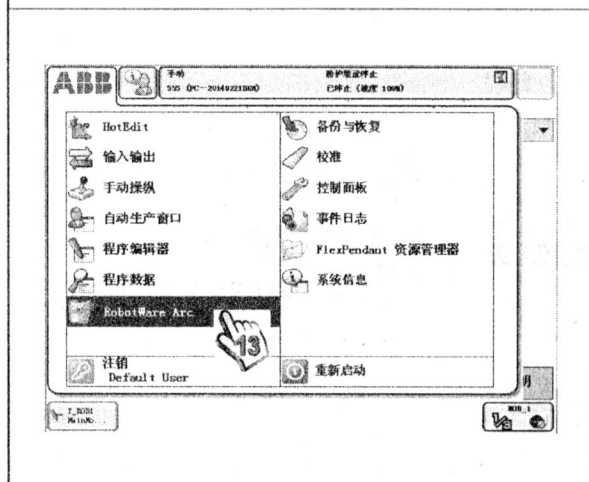	13 在主菜单选项中选择"Robot-Ware Arc"弧焊控制软件。
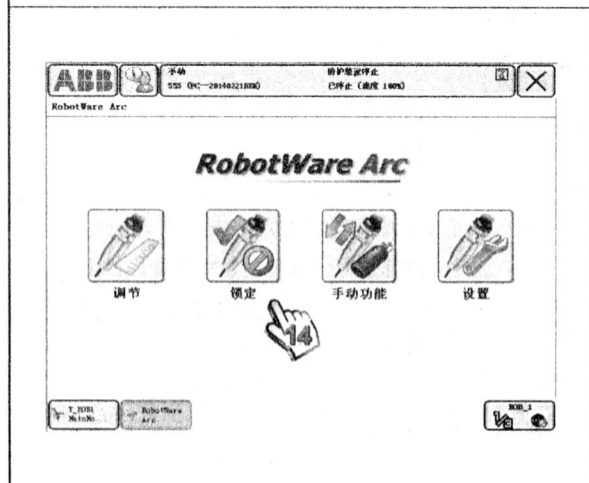	14 单击"锁定"。

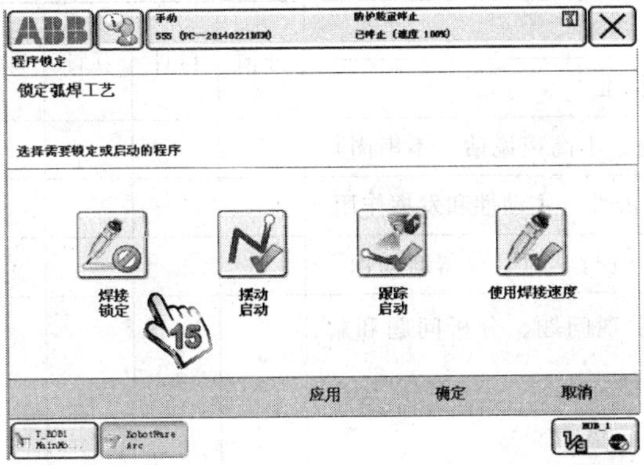

15 选择"焊接锁定"（需单击"应用"或"确定"否则无效），回到程序界面后连续运行程序可以在不焊接的情况下模拟整个焊接过程（检查焊接速度、轨迹和摆动等）。

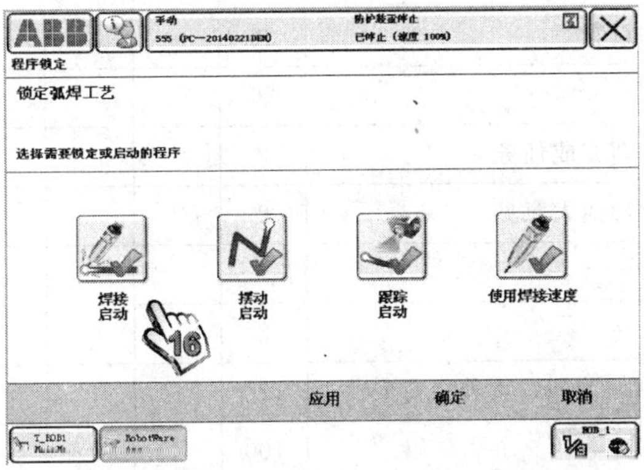

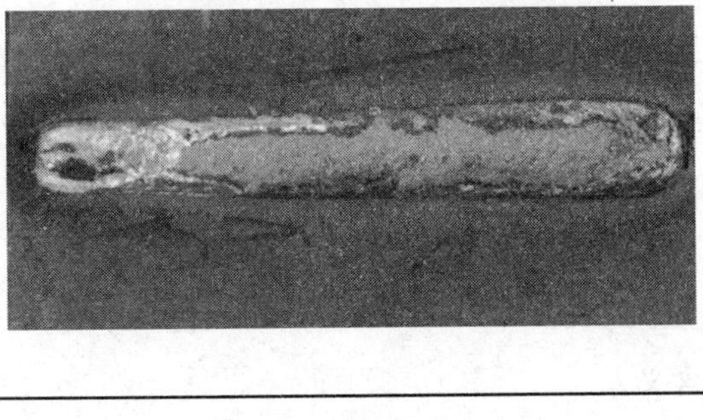

16 各项检查完成后选择"焊接启动"，回到程序界面连续运行程序就可以在钢板上进行焊接调试，焊接效果如左下图所示。

检查评议

姓名			学号		分值	自评	互评	师评
序号	考核项目		评分标准		分值	自评	互评	师评
1	学习态度		是否守纪（不迟到、不早退、不高声说话、不串岗）		5			
1	学习态度		在任务实施过程中表现出积极性、主动性和发挥作用		5			
2	学习方法		是否运用各种资料提取信息进行学习，获得新知识		2			
2	学习方法		在任务实施过程中，是否发现问题、分析问题和解决问题		3			
2	学习方法		是否认真分析任务		3			
2	学习方法		是否认真将资料完整归档		2			
3	任务完成情况		能否创建完整的机器人焊接程序		20			
3	任务完成情况		能否对焊接参数进行正确的设置		20			
3	任务完成情况		能否调试出合格的焊缝		30			
4	职业素养		团队关系融洽，共同制订计划完成任务		2			
4	职业素养		发现问题协商解决，认真对待他人意见		2			
4	职业素养		主动沟通，语言表达流利		2			
4	职业素养		具备安全防护与环保意识		2			
4	职业素养		做好6S（整理、整顿、清洁、清扫、素养、安全）		2			
总分					100			

任务3 智能寻位的设定及调试

学习目标

知识目标：

1. 掌握智能寻位的工作原理及要求。

2. 理解寻位指令中各个参数的功能含义。

能力目标：

1. 能够完成一维寻位程序的编程及调试。

2. 能够完成圆寻位程序的编程及调试。

3. 能够完成沟槽寻位程序的编程及调试。

任务描述

某企业的焊接机器人在施行焊接操作过程中，由于零件组装和装配的过程中或多或少存在一定的误差，这将会导致零件的焊缝位置偏离机器人编程时的目标点位置，按照原来的轨迹进行焊接操作则会出现虚焊甚至焊偏。为了解决这一问题，机器人系统集成厂家为该企业机器人增加了智能寻位软件。现需要机器人技术专家为企业相关操作人员进行培训，使操作人员能够尽快地掌握该软件的使用。

任务分析

焊接机器人智能寻位软件根据具体的工程应用大致可以分为三种寻位类型，它们是：一维寻位、圆寻位和沟槽寻位。其中，一维寻位和圆寻位使用同一寻位指令和参数设置，但是圆寻位作为一种特殊的一维寻位方式，必须在一维寻位的基础上添加计算圆心位置指令才能完成。沟槽寻位在厚板开坡口焊缝焊接中使用，需要设置与一维寻位指令不同的寻位参数。本次任务就是要求操作者在了解一维寻位和沟槽寻位指令含义和其中的参数设置后，对这三种寻位程序进行简单试件的编程和调试，从而为实际工程焊接应用打下基础。

相关理论

一、智能寻位基础

1. 适用范围

（1）原理

编程步骤：寻位开始前焊枪按设定速度行走至 StartPoint，此时激活 SmarTac 功能给喷嘴通电。焊枪按设定方向行走至接触工件后停止，将当前位置设定为 SearchPoint，同时在这种状态下设定焊缝起始点（图 2-3-1）。

使用状态：寻位开始后焊枪由 StartPoint 向 SearchPoint 按寻位速度行走，最长寻位距离为两点距离的 2 倍。焊枪按设定方向行走至接触工件后停止，SearchStop 点和 SearchPoint 的距离就是工件的偏离值，从而计算得出真实焊缝起始点。

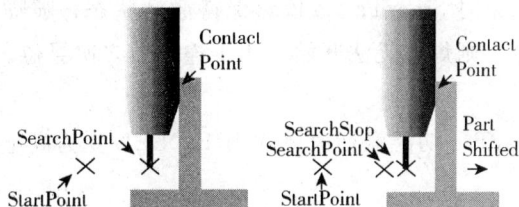

图 2-3-1　寻位原理

（2）要求

① 工件表面须没有铁锈、氧化层、油漆或其他绝缘的涂层。

② 使用喷嘴或焊丝进行寻位的情况下，必须按时进行清枪和剪丝处理。

③ 使用水冷焊枪的时候，建议使用蒸馏水或其他非传导性的冷却液。不纯净的水（如含盐矿物水）会降低寻位的灵敏度或降低寻位电压。如图 2-3-2 中电阻 1。

④ 使用水冷喷嘴或焊丝寻位的时候，需要将电源隔离，消除图 2-3-2 电阻 2 的影响。

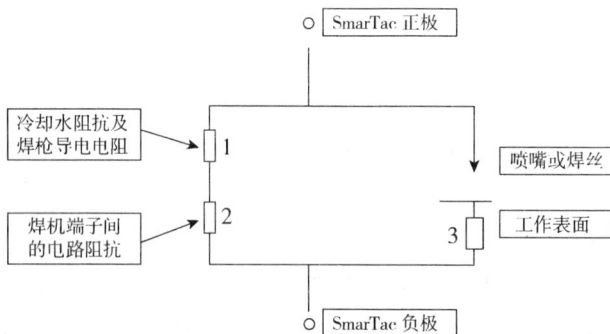

图 2-3-2 电气原理图

2．硬件配置

使用 Fronius 焊机可直接形成寻位电压连接至焊丝或喷嘴上，且按要求改装电路可同时使用喷嘴和焊丝寻位。使用其他品牌焊机需加配低压电源，并连接相关信号。

二、智能寻位相关指令

1．一维寻位

例句：Search ＿1D［＼NotOff］ ［＼Wire］Result［＼SearchStop］StartPoint SearchPoint Speed Tool［＼WObj］［＼PrePDisp］［＼Limit］［＼SearchName］。

利用导电的喷嘴或焊丝与工件（接地）接触时产生的电信号，计算出实际工件与编程时状态的偏移，以得到真实工件位置。沿不同方向寻位多次可得到多个方向的偏移值，叠加后可以对工件完整定位。相关参数说明如下：

［NotOff］：

选择此项后寻位结束时 SmarTac 板依然保持激活状态，喷嘴或焊丝上带电。如此指令后紧接着焊接指令，则焊接无法开始。用于连续的多次寻位。

［Wire］：

选择此参数后 SmarTac 功能激活时 doWIRE ＿SEL 变为高电平，此时系统转入焊丝寻位模式。

［Result］：

存储了寻位后计算得出的偏移值。

[SearchStop]:

焊枪碰到工件表面后停止，此时的 TCP 数据记入给定的 Robtarget。

[StartPoint]:

寻位开始点。

[SearchPoint]:

寻位点。在这个位置系统应检测为 0 偏移（用同一个固定好的工件，编程后用单步执行指令的方法修改这个点）。

[Speed]:

TCP 移动至开始点的速度，不影响寻位速度。

[PrePDisp]:

预设偏移值，系统会将此数据与本次寻位计算出的偏移值叠加，结果记入 Result。

[Limit]:

最大偏移距离，一旦计算结果超出范围即报错。

[SearchName]:

本次寻位名称，用于记录错误信息等。

2．路径修正

（1）PDispSetPose、PDispOff

在这两个指令之间的所有运动指令均按 Pose 的值进行偏移，如有多个 PDispSet 指令同时存在，以最后一个为准。

（2）PoseMult（Pose1 Pose2 [\ Pose3]）: Pose

将 Pose1、Pose2、Pose3 中的值叠加后返回一个 Pose 值。

例 1：pose1：＝PoseMult（pose1，peOffset）。注意：Pose 类型数据含有 trans 值及 rot 值，robtarget 同样含有这两个值。

3．沟槽寻位

例句：Search_Groove [\ NotOff] Result GrooveWidth [\ SearchStop] StartPoint CentrePoint NomWidth [\ NomDepth] [\ InitSchl] Speed Tool [\ WObj] [\ PrePDisp] [\ SearchName]。

用导电的焊丝与工件（接地）接触时产生的电信号，计算出沟槽实际位置及宽度与编程时的偏移值，以得到真实沟槽位置及尺寸。配合 ArcCalcL 指令可实现均匀变摆幅的焊接。

图 2-3-3 代表寻位过程，焊枪在距离 StartPoint 15mm（可修改）高处开始向工件表面运动，接触工件后向 CentrePoint 方向拉起再重复以上动作，直到进入沟槽后焊枪在原始接触高度上将无法触到工件，视为进入沟槽。焊枪再如图 2-3-3 三箭头方式运动，测得沟槽中心偏移的实际宽度。

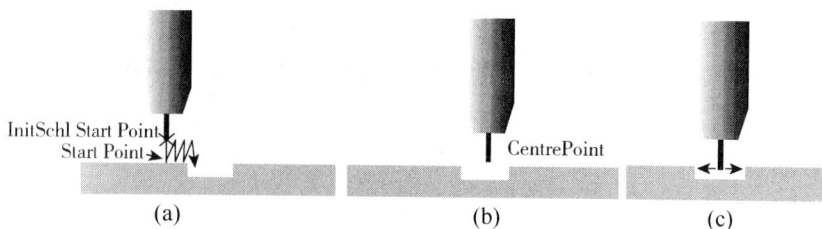

图 2-3-3 沟槽寻位过程

沟槽寻位相关参数说明如下：

[Result]：

存储了寻位后计算得出的偏移值。

[GrooveWidth]：

存储了寻位后计算得出的宽度值。

[SearchStop]：

寻位后停止，此时新的 CentrePoint 数据记入给定的 Robtarget。

[StartPoint]：

寻位开始点，焊丝刚好接触工件表面。

[CentrePoint]：

初始中心点，焊丝与工件表面同高。

[NomWidth]：

沟槽的估计宽度，这个参数会影响寻位进给量。

[NomDepth]：

沟槽的估计深度，这个参数会影响寻位进给量，默认为 2.5mm。

[InitSchl]：

寻位开始高度，这个参数会影响图 2-3-3（a）中 InitSchl Start Point 高度，默认为 15mm。

任务准备

实施本次任务所使用的实训设备及工具材料可参考表 2-3-1。

表 2-3-1 实训设备及工具材料

序 号	名 称	型号规格	数 量	单 位	备 注
1	ABB 焊接机器人	IRB1600	1	套	带寻位软件
2	Q235-A 钢板	50×100×3	1	块	
3	Q235-A 钢板	100×100×3	1	块	
4	Q235-A 钢板	50×50×10	1	块	

序　号	名　　称	型号规格	数　量	单　位	备　注
5	20#钢管	$\varphi 60 \times 5 \times 100$	1	块	
6	Q235-A钢板	$100 \times 100 \times 12$	2	块	
7	焊接柔性夹具		若干	套	
8	定位块	任选	若干	块	

任务实施

第一步：组织教学

1. 互相问候，出勤点名，检查设备布置情况。

2. 检查学生的劳动保护用品的穿戴及安全防护情况。

3. 设备、工量具及场地安全检查。

4. 安排操作工位，领取工件。

第二步：教学内容

一、准备工作

用锉刀或角磨机将管子及钢板的坡口范围 20mm 内外表面上的油、锈及其他污物清理干净，至露出金属光泽。并将钢管锉出合适的钝边，钝边 p 为 $0.5\sim 1$mm。

二、装配及定位焊要求

试件装配及定位焊如图 2-3-4 所示。

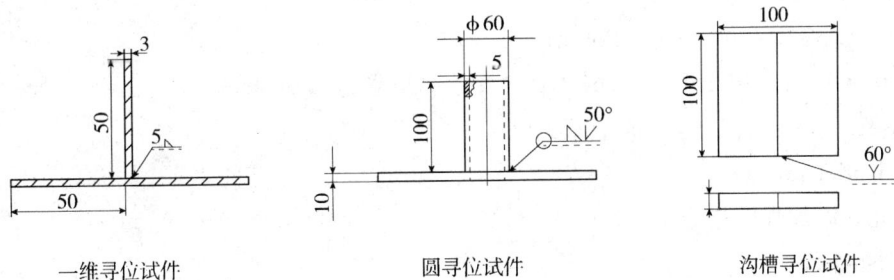

一维寻位试件　　　　　　圆寻位试件　　　　　　沟槽寻位试件

图 2-3-4　试件装配图

三、寻位程序编程

1. 一维寻位程序

```
PROC yiwei( )
Search_1D\NotOff, pose1, p1, p2, v200, Torch1;
Search_1D pose1, p3, p4, v200, Torch1\PrePDisp: = pose1;
PDispSet pose1;
ArcL\On, *, vmax, sm1, wd1, wv1, z1, Torch1;
```

ArcL\Off, *, vmax, sm1, wd1, wv1, z1, Torch1;

MoveJ *, vmax, z10, Torch1;

ArcL\On, *, vmax, sm1, wd1, wv1, z1, Torch1;

ArcL\Off, *, vmax, sm1, wd1, wv1, z1, Torch1;

PDispOff;

ENDPROC

2. 圆寻位程序

PROC yuanxunwei( )

MoveL pS0, v200, z50, Torch1; ！pS0 为寻位原点

pCC:=UTL_cirCntr(pS2, pS12, pS22); ！pCC 为原始圆心

Search_1D pose1\SearchStop:=pC1, pS1, pS2, v200, Torch1;

MoveL pS1, v200, z50, Torch1;

MoveL pS0, v200, z50, Torch1;

Search_1D pose1\SearchStop:=pC2, pS11, pS12, v200, Torch1\PrePDisp:=pose1;

MoveL pS11, v200, z50, Torch1;

MoveL pS0, v200, z50, Torch1;

Search_1D pose1\SearchStop:=pC3, pS21, pS22, v200, Torch1\PrePDisp:=pose1;

MoveL pS21, v200, z50, Torch1;

MoveL pS0, v200, z50, Torch1;

pC0:=UTL_cirCntr(pC1, pC2, pC3);！ pC0 为新位置圆心

pose1.trans:=pC0.trans−pCC.trans;

PDispSet pose1;

！ 此处添加焊圆指令

PDispOff;

ENDPROC

3. 沟槽寻位程序

PROC goucao ( )

Search _ Groove peOffset1, GWidthS, p10, p20, 15, v1000, Torch1;

Search _ Groove peOffset2, GWidthE, p30, p40, 15, v1000, Torch1;

PDispSet peOffset1;

ArcCalcLStart p50, v200, GWidthS, ad1, seam1, weld1, weave1, z50, Torch1, track1;

```
PDispSet peOffset2；
ArcCalcLEnd p60，v200，GWidthE，ad1，z50，Torch1；
PDispOff；
    ENDPROC
```

四、寻位程序调试

1. 将试件用快速夹固定在工作台上。

2. 修改程序中的目标点位置，锁定焊接电源并按照寻位程序要求连续运行寻位程序。

3. 挪动试件的安装位置（注意不能太大），再连续运行寻位程序，查看焊接机器人是否会自动找准偏离的焊缝轨迹。

检查评议

姓名		学号		分值	自评	互评	师评
序号	考核项目	评分标准		分值	自评	互评	师评
1	学习态度	是否守纪（不迟到、不早退、不高声说话、不串岗）		5			
		在任务实施过程中表现出积极性、主动性和发挥作用		5			
2	学习方法	是否运用各种资料提取信息进行学习，获得新知识		2			
		在任务实施过程中，是否发现问题、分析问题和解决问题		3			
		是否认真分析任务		3			
		是否认真将资料完整归档		2			
3	任务完成情况	能否正确调试出一维寻位程序		20			
		能否正确调试出圆寻位程序		20			
		能否正确调试出沟槽寻位程序		30			
4	职业素养	团队关系融洽，共同制订计划完成任务		2			
		发现问题协商解决，认真对待他人意见		2			
		主动沟通，语言表达流利		2			
		具备安全防护与环保意识		2			
		做好 6S（整理、整顿、清洁、清扫、素养、安全）		2			
总分				100			

任务 4　跟踪焊接的设定及调试

学习目标

知识目标：

1. 掌握跟踪焊接的原理及使用要求。

2. 理解跟踪焊接参数的功能含义。

能力目标：

能够完成 V 型焊缝多层多道焊接的编程及调试。

任务描述

某企业接到一焊接工程机械零件的订单，想用厂里现有的焊接机器人进行焊接加工，但是由于夹装不当或焊接时的热变形会使焊接接头位置发生变化，而现有的弧焊机器人系统无法检测到焊接接头的位置变化导致焊接调试失败。为解决这一问题，机器人系统集成厂家为该企业的机器人增加了一套跟踪焊接的软件，现需要培训师对厂员工进行软件的相关培训。

任务分析

跟踪焊接采用传感器测量电弧长度的变化来反馈焊接电流的变化。如干伸长的变化是由弧长和电弧电流的反比例关系决定的，弧焊机器人通过调整焊枪的垂直位置以保持干伸长来反馈焊接电流的变化。横向焊缝的定位由弧焊机器人的摆动机构决定，即当焊枪摆动越过焊缝时，通过焊接电流反馈，焊枪摆动回焊缝位置。一个波谷电流反馈信号表示焊枪摆动越过焊缝，一个波峰电流信号表示焊枪需要摆动回焊缝位置。峰值电流的变化表明弧焊机器人焊枪远离焊缝接头，而且焊枪应摆动到正确的对中位置。焊接机器人根据焊接跟踪的原理可以实现对较大板厚的大坡口焊缝进行多层多道焊，以满足工程应用的需要。

本次任务通过使用 ABB 焊接机器人系统的焊接跟踪功能对 V 型焊缝进行多层多道焊接练习。

相关理论

一、跟踪焊接基础

1. 适用范围

（1）原理

跟踪以前次摆动中的电流变化作为修改路径及相关参数的依据。系统实时对摆动焊接中的电流信号采样，并分析得出的水平及垂直方向的路径纠正数据，控制柜根据此数据修改路径，保证达到稳定的焊接要求。

这套跟踪系统适合于图2-4-1所示焊缝形式。

T型焊缝（最小板厚3mm）　　　　　搭接焊缝（搭接上板最小板厚3mm）

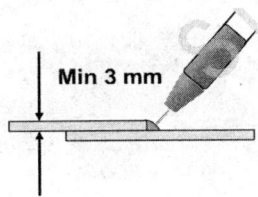

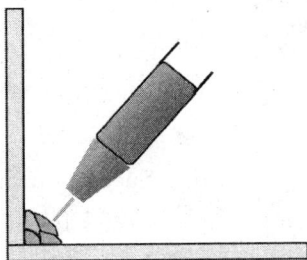

V型焊缝（最小板厚4mm，角度60°～90°），多层多道焊接

图2-4-1　焊缝形式

（2）要求

① 摆动幅度要求在焊接稳定可靠的前提下，最小1.5倍焊丝直径。

② AWC/Weldguide焊缝跟踪是结合MIG/MAG焊接设计的，用于钢板焊接，不适用于其他焊接，比如这套系统不适合铝板焊接。

③ 在使用跟踪系统之前，推荐先对焊接工艺进行试验，得到好的焊接效果后再使用跟踪系统。

④ 在满足该焊缝跟踪系统要求（见上面焊缝形式要求和基本要求），焊接起始点固定，焊缝不超过1m的前提下，终点的最大偏离距离为焊缝长度的1/10，例如焊缝长度为200mm，终点的位置可以与理论位置相差20mm。

开坡口如果小于90°，容易高度跟踪出问题。自适应跟踪必须将焊接参数调整很精确，而且宽度从大到小变化很小，如宽度18→15mm（跟踪功能本身不是很完善）。

Welddata中current参数为跟踪的电流。Proc中有一个值0.5为半个期的最大修正量。

2. 硬件配置

焊缝跟踪软件所需要的硬件配置如图2-4-2、图2-4-3所示。

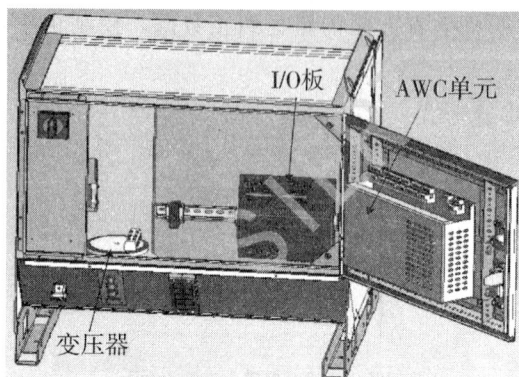

图 2-4-2 控制柜

图 2-4-3 主要元器件

二、跟踪焊接相关指令

1. 一般跟踪焊接指令

例句：ArcLStart ToPoint ［\ ID］Speed Seam Weld ［\ Weave］ Zone Tool ［\ WObj］ ［\ Corr］ ［| Track］［\ SeamName］。

［Track］为 trackdata 类型数据，指定跟踪有关参数（相关功能参数见表 2-4-1），使用此参数即打开跟踪功能。

表 2-4-1 Track 功能参数

功能参数	参数说明
track_system	指定跟踪类型（按系统默认设置，一般 0 为电弧跟踪）。
store_path	为 TRUE 时系统存储修正后轨迹，名称由 SeamName 指定。
max_corr	指定路径修正的最大偏移，一般为 50mm。
track_type	指定跟踪的类型：0，中心线跟踪；1，自适应跟踪；2，单边跟踪（右边）；3，单边跟踪（左边）；4，高度跟踪（保持干伸长不变）。
gain_y	为 1～100 间的一个整数，表示机器人在左右方向上路径修正的快慢，数值越大灵敏度越高。初始值由摆动宽度决定，15 适用于大部分的摆宽，而 5 用于摆宽很小的情况。
gain_z	为 1～100 间的一个整数，表示机器人在高度方向上路径修正的快慢，数值越大灵敏度越高。初始值由摆动宽度决定，10 适用于大部分的摆宽，而 5 用于摆宽很小的情况。
weld_penetration	为 1～4 间的一个整数，表示侧板的熔深百分比。仅适用于自适应和单边跟踪。

功能参数	参数说明
track_bias	为-30~30间的一个整数，表示实际路径相对跟踪计算出的路径的 Y 方向偏移量。仅适用于中心线跟踪。
min_weave max_weave min_speed max_speed	分别为自适应跟踪中的最小摆幅、最大摆幅、最小速度、最大速度，系统会在这个范围内自适应调整相关参数。其中最小摆须大于 2mm。
[SeamName]	为字符串数据，指定修正后路径的存储名称，供多层焊接中调用，注意一次存储多道路径时需要先分别存储。这个参数仅供 Arc * Start 使用。

2．多层多道焊接

（1）多层多道焊接

例句：ArcRepL［\ Start］　［\ End］　［\ NoProcess］Offset［\ StartInd］［\ EndInd］SpeedSeam Weld Weave Zone Tool［\ Wobj］［\ Track］［\ SeamName］。

本指令对 SeamName 中存储的路径进行截取、延伸、偏移、旋转等操作后，形成新的焊接路径，用于多层焊接中。参数说明如下：

［Start］：

这个参数用于路径重放队列的开始。利用 Start 和 End 参数将多个存储路径进行连接，可得到连续的焊接。

［End］：

这个参数一旦使用，焊接会在机器人到达目标点后停止。在同一个 ArcRepL 指令中可同时使用 Start 和 End 参数。

［NoProcess］：

相当于焊接锁定功能。

［Offset］：

数据类型为 multidata，定义了重放路径相对存储路径的位置关系。

Direction：

重放路径的方向，1 为原始方向，-1 为反方向行走。

ApproachDistance：

接近点距离路径开始点的高度尺寸。焊枪会先到这个高度后减速下枪开始焊接。

DepartDistance：

退出点距离路径结束点的高度尺寸。焊接结束后焊枪会先慢速退回到这个高度。

StartOffset：

路径重放开始点相对存储路径开始点的长度，正值路径延长，负值路径缩短。

EndOffset Data type：

路径重放结束点相对存储路径结束点的长度，正值路径延长，负值路径缩短。

SeamOffs ＿ y、SeamOffs ＿ z、SeamRot ＿ x、SeamRot ＿ y：

以上值分别为路径重放相对存储路径的左右偏移尺寸、高度偏移尺寸、焊枪绕 X 轴旋转角度、焊枪绕 Y 轴旋转角度。

［StartInd］：

路径重放开始点的序号，当重放路径不是由存储路径的第一个点（序号为 1）开始时使用。

［EndInd］：

路径重放终止点的序号，当重放路径不是在存储路径的最后一个点（序号为-1）终止时使用。可使用正值代表从存储路径开始点的序号。

［Track］：

跟踪有关参数。

（2） MpReadInPath　使用 \ PointInc 参数可指定多道焊接中使用跟踪路径的节点数量，PointInc：＝2 代表所有采样点均使用，PointInc：＝3 时每 2 个节点中仅采用 1 个，依此类推。用于修正路径变化幅度过大的情况，以得到较为平直的焊道。

（3） MpSavePath FileName ［\ SeamName］［\ CreateLogFile］

本指令将内存中存储的路径（SeamName）存储于 FileName 文件中，可供 MpLoadPath 指令加载入内存，用于多次跟踪路径存储以备多层焊接使用。

（4） MpLoadPath FileName

本指令将 FileName 文件中存储的跟踪路径加载入内存，用于多次跟踪路径存储以备多层焊接使用。

3．沟槽焊接跟踪

例句：ArcCalcLStart ToPoint Speed GrooveWidth Adapt SeamWeld ［\ Weave］ Zone Tool ［\ WObj］［| Track］［\ SeamName］。

本指令可利用沟槽寻位得出的宽度值设定初始摆幅，与 ArcCalc 系列指令配合可以实现均匀摆幅变化的焊接。参数说明如下：

［GrooveWidth］：

初始沟槽宽度，用于计算初始的摆和焊幅接速度。

［Adapt］：

用于计算初始参数（相关功能参数见表 2－4－2）。

表 2-4-2 Adapt 功能参数

功能参数	参数说明
NominalWidth	指定沟槽宽度，一般为标准件 Search_Groove 的结果。
AdaptOffs_y AdaptOffs_z	无用。
min_weave max_weave min_speed max_speed	分别为最小摆幅、最大摆幅、最小速度、最大速度。

任务准备

实施本次任务所使用的实训设备及工具材料可参考表 2-4-3。

表 2-4-3 实训设备及工具材料

序 号	名 称	型号规格	数 量	单 位	备 注
1	ABB 焊接机器人	IRB1600	1	套	带寻位软件
2	Q235-A 钢板	50×100×10	2	块	
7	焊接柔性夹具		若干	套	
8	定位块	任选	若干	个	

任务实施

第一步：组织教学

1. 互相问候，出勤点名，检查设备布置情况。

2. 检查学生的劳动保护用品的穿戴及安全防护情况。

3. 设备、工量具及场地安全检查。

4. 安排操作工位，领取工件。

第二步：教学内容

一、准备工作

用锉刀或角磨机将管子及钢板的坡口范围 20mm 内外表面上的油、锈及其他污物清理干净，至露出金属光泽。并将钢管锉出合适的钝边，钝边 p 为 $0.5\sim1$mm。

二、装配及定位焊要求

试件装配及定位焊如图 2-4-4 所示。

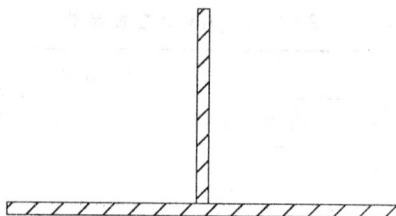

图 2-4-4 试件装配图

三、V 型焊缝多层多道焊接程序编程

PROC yiwei( )

ArcLStart pA1，v150，seam1，weld1\Weave：=weave1，fine，Torch1\Track：=track1\SeamName：="ws1"；

ArcLEnd pA2，v150，seam1，weld1\Weave：=weave1，fine，Torch1\Track：=track1；

MpSavePath "path1"\SeamName：="ws1"；

ArcLStart pB1，v150，seam1，weld1\Weave：=weave1，fine，Torch1\Track：=track1\SeamName：="ws2"；

ArcLEnd pB2，v150，seam1，weld1\Weave：=weave1，fine，Torch1\Track：=track1；

MpSavePath "path2"\SeamName：="ws2"；

MpLoadPath "path1"；

ArcRepL\Start\End，revpath1，v20，seam2，weld2，weave2，z50，Torch1\SeamName：="ws1"；

MpLoadPath "path2"；

ArcRepL\Start\End，revpath1，v20，seam2，weld2，weave2，z50，Torch1\SeamName：="ws2"；

ENDPROC

四、V 型焊缝多层多道焊接程序调试

1. 将试件用快速夹固定在工作台上。

2. 修改程序中的目标点位置，确定目标轨迹正确后设置好参数并打开焊接电源。

3. 连续运行程序完成试件的多层多道焊接。

检查评议

姓名			学号		分值	自评	互评	师评
序号	考核项目		评分标准		分值	自评	互评	师评
1	学习态度		是否守纪（不迟到、不早退、不高声说话、不串岗）		5			
			在任务实施过程中表现出积极性、主动性和发挥作用		5			
2	学习方法		是否运用各种资料提取信息进行学习，获得新知识		2			
			在任务实施过程中，是否发现问题、分析问题和解决问题		3			
			是否认真分析任务		3			
			是否认真将资料完整归档		2			
3	任务完成情况		能否理解跟踪焊接的原理		20			
			能否对跟踪焊接参数进行正确的设置		20			
			能否调试出多层多道焊接程序		30			
4	职业素养		团队关系融洽，共同制订计划完成任务		2			
			发现问题协商解决，认真对待他人意见		2			
			主动沟通，语言表达流利		2			
			具备安全防护与环保意识		2			
			做好6S（整理、整顿、清洁、清扫、素养、安全）		2			
总分					100			

项目三

ABB 机器人系统故障排除

任务　IRC5 故障排除

知识目标：

1. 了解没有事件日志信息故障的症状和产生原因。

2. 理解故障排除策略。

能力目标：

1. 能够排除焊接机器人常见故障。

2. 能够使用程序对焊接机器人进行检修。

随着企业焊接机器人的广泛应用，能否对机器人设备的故障进行诊断并快速排除，将直接影响企业的正常生产和生产效率。机器人设备的故障产生原因多种多样，需要企业的机器人系统维护维修人员快速正确判断出故障的产生原因，才能够快速而有效地排除故障，以提高生产效率。

本次任务重点内容是让机器人使用人员在遇到故障的时候能够分清楚故障的类型并能够提出有效的解决方案，维修人员通过某一任务的操作训练不可能达到这一能力。目前市场上主流的焊接机器人（如 ABB 机器人）的系统和硬件稳定性较高，在正常使用并定期保养的情况下极少产生故障，并且故障的产生类型会根据使用场合的不同而多种多样，所以操作人员要想学会排除故障，必须系统地学习故障类型和产生原因。

ABB 机器人系统带有检修软件，该软件可以自动检测机器人本体和外部变位机等接线部位是否有故障，为维修人员提供参考。机器人在正常工作的情况下，该软件原则上须每年运行一次，以便及时发现问题并防止其他故障的发生。

相关理论

一、故障症状和故障

机器人系统中的故障首先表现为一种症状，它可能是：① 事件日志消息故障，可使用示教器或 RobotStudio 查看。② 没有事件日志信息的故障，这类故障会显示出系统性能差或者显示机械干扰，甚至系统可能不能启动或者显示启动期间遇到不规范的行为。这些故障虽没有事件消息，但可以在硬件上指示，如 LED。

由于 ABB 机器人系统很复杂并具有大量的功能和功能组合，因此几乎不可能预测全部类型的故障，只能列出出现概率较高的故障进行解析。

1. 没有事件日志信息的故障

（1）启动故障

该故障会造成系统不能正确启动或者根本启动不了的后果，出现该故障会表现为以下症状：① 任何单元上面无 LED 指示灯亮起；② 接地故障保护跳闸；③ 无法加载系统软件；④ 示教器已"死机"；⑤ 示教器启动，但未对任何输入做出响应；⑥ 包含系统软件的磁盘未正确启动。

出现这一故障的原因可能是多个阶段中发生掉电，建议操作步骤见表 3-1。

表 3-1 启动故障建议操作步骤

步 骤	建议操作
1	确保系统的主电源通电并且在指定的极限之内。
2	确保 Drive Module 中的主变压器正确连接，以符合现有的主电压要求。
3	确保打开主开关。
4	确保 Control Module 电源和 Drive Module 电源在各自指定的限制范围内。
5	如果在尝试下载系统软件时遇到问题，请继续下载。
6	如果示教器显示为"死机"，请按示教器后面板的重新启动按钮。
7	如果示教器启动，但未与控制器通信，请检查通信接头是否松动。
8	如果系统硬盘正常工作，在启动后应立即发出嘟嘟声，并且前面的 LED 会亮起。如果在尝试启动之后计算机发出两声嘀声之后停止，表明磁盘不能正常工作。这时应先检查磁盘电源，若电源正常工作，那么应该更换磁盘。

（2）控制器死机

机器人控制器完全或者间歇地"死机"，无指示灯亮起且不能操作，在使用示教器时，系统可能无法操作。该症状可能由以下原因引起（各种原因按概率的顺序列出）：

① 控制器未连接主电源；② 主变压器出现故障或者未正确连接；③ 主保险丝（Q1）可能已断开；④ 控制器与 Drive Module 之间的连接缺失。

要矫正该症状，建议采用下面的操作表3-2（按概率顺序列出操作）。

表3-2　控制器死机建议操作步骤

步　骤	建议操作
1	确保车间里的主电源正常工作并且电压符合控制器的要求。
2	确保主变压器正确连接，以符合现有的主电压要求。
3	确保 Drive Module 中的主保险丝（Q1）未断开。如果已断开，则将其复位。
4	如果在 Control Module 正常工作并且 Drive Module 主开关打开的情况下 Drive Module 仍无法启动，则确保正确建立了模块之间的连接。

（3）控制器性能低

控制器性能低，并且似乎无法正常工作。控制器没有完全"死机"。如果完全死机则可按照上一故障处理。出现该故障可能导致程序执行迟缓并且看上去无法正常执行，甚至有时会停止工作。这是计算机系统负载过高，可能因为以下其中一个或多个原因造成：① 程序仅包含太高程度的逻辑指令，造成程序循环过快，使处理器过载；② I/O更新间隔设置为低值，造成频繁更新和过高的 I/O 负载；③ 内部系统交叉连接和逻辑功能使用太频繁；④ 外部 PLC 或者其他监控计算机对系统寻址太频繁，造成系统过载。

要矫正该症状，建议采用下面的操作表3-3（按概率顺序列出操作）。

表3-3　控制器性能低建议操作步骤

步　骤	建议操作
1	检查程序是否包含逻辑指令（或其他"不花时间"执行的指令），因为此类程序在未满足条件时会造成执行循环。 要避免此类循环，可以通过添加一个或多个 WAIT 指令来进行测试。仅使用较短的 WAIT 时间，以避免不必要地减慢程序。
2	确保每个 I/O 板的 I/O 更新时间间隔值不能太低。这些值使用 RobotStudio 更改。不经常读的 I/O 单元可按 RobotStudio 手册中详细说明的方法切换到"状态更改"操作。
3	检查 PLC 和机器人系统之间是否有大量的交叉连接或 I/O 通信。
4	尝试以事件驱动指令而不是使用循环指令编辑 PLC 程序。

（4）示教器死机

示教器完全或间歇性"死机"，并且示教器中无适用的项，且无可用的功能，在使用示教器时，系统可能无法操作。该症状可能由以下原因引起（各种原因按概率的顺序列出）：① 系统未开启；② 示教器没有与控制器连接；③ 到控制器的电缆被损坏；④ 电缆连接器被损坏；⑤ 示教器出现故障；⑥ 示教器控制器的电源出现故障。

要矫正该症状，建议采用下面的操作表 3-4（按概率顺序列出操作）。

表 3-4　示教器死机建议操作步骤

步　骤	建议操作
1	确保系统已经打开并且 FlexPendant 连接到控制器。
2	检查 FlexPendant 电缆，看是否存在损坏迹象。 如有可能，通过连接不同的 FlexPendant 进行测试以排除导致错误的 FlexPendant 和电缆。 也尽可能测试现有的 FlexPendant 与不同控制器之间的连接。
3	检查 Control Module 电源是否向 FlexPendant 供应 24V 的直流电。。

（5）FlexPendant 无法通信

FlexPendant 启动，但未显示任何屏幕，并且示教器中无适用的项，且无可用的功能，在使用示教器时，系统可能无法操作。该症状可能由以下原因引起（各种原因按概率的顺序列出）：① 主机无电源；② FlexPendant 和主机之间可能无通信。

要矫正该症状，建议采用下面的操作表 3-5（按概率顺序列出操作）。

表 3-5　FlexPendant 无法通信建议操作步骤

步　骤	建议操作
1	确保 Control Module 主电源正常。
2	如果电源正常，则检查从电源到主机的所有电缆，确保正确连接。
3	确保 FlexPendant 与 Control Module 正确连接。
4	检查 Control Module 和 Drive Module 中所有单元上的所有指示 LED。
5	确保与机器人通信卡（RCC）的所有连接和电源正常。
6	确保 RCC 和接线台之间的以太网线正确连接。
7	如果所有电缆和电源正常，并且似乎没有其他办法可以解决该问题，则更换主机设备。

（6）FlexPendant 的偶发事件消息

FlexPendant 上显示的事件消息是偶发的，并且似乎与机器人上的任何实际故障不对应。可能会显示几种类型的消息，标示出现错误。如果没有正确执行，在主操纵器拆卸或者检查之后可能会发生此类故障。如果该故障不能及时消除会因为不断显示消息而造成重大的操作干扰。该症状可能是由内部操纵器接线不正确引起的。原因是：连接器连接欠佳、电缆扣环太紧使电缆在操纵器移动时被拉紧、因为摩擦使信号与地面短路造成电缆绝缘擦破或损坏。

要矫正该症状，建议采用下面的操作表 3-6（按概率顺序列出操作）。

表 3-6　FlexPendant 偶发事件消息建议操作步骤

步　骤	建议操作
1	检查所有内部操纵器接线，尤其是所有断开的电缆、在最近维修工作期间连接的重新布线或捆绑的电缆。
2	检查所有电缆连接器以确保它们正确连接并且拉紧。
3	检查所有电缆绝缘是否损坏。

（7）控制杆无法工作

出现该故障时系统可以启动，但 FlexPendant 上的控制杆似乎无法工作，并且无法手动微动控制机器人。该症状可能由以下原因引起：① FlexPendant 可能未正确连接或者电缆可能被损坏；② FlexPendant 的电源不能正常工作；③ FlexPendant 发生故障。

要矫正该症状，建议采用下面的操作表 3-7（按概率顺序列出操作）。

表 3-7　控制杆无法工作建议操作步骤

步　骤	建议操作
1	系统是否打开。
2	是否已在 Manual Mode 中选择了 Jogging。
3	FlexPendant 是否工作。
4	确保 FlexPendant 与 Control Module 正确连接。
5	确保 FlexPendant 电缆未损坏。
6	确保 Control Module 电源和 Panel Board 正常工作。
7	如果所有方法都无效，请更换 FlexPendant。

（8）不一致的路径精确性

机器人 TCP 的路径不一致且经常变化，并且有时会伴有轴承、齿轮箱或其他位置发出的噪声，出现这一故障生产必须停下来。该症状可能由以下原因引起（各种原因按概率的顺序列出）：① 未正确校准机器人；② 未正确定义机器人 TCP；③ 平行杆被损坏（仅适用于装有平行杆的机器人）；④ 在电机和齿轮之间的机械接头损坏，它通常会使出现故障的电机发出噪声；⑤ 轴承损坏或破损（尤其如果耦合路径不一致，并且一个或多个轴承发出滴答声或摩擦噪声时）；⑥ 将错误类型的机器人连接到控制器；⑦ 制动闸未正确松开。

要矫正该症状，建议采用下面的操作表 3-8（按概率顺序列出操作）。

表 3-8　路径不一致建议操作步骤

步　骤	建议操作
1	确保正确定义机器人的 Tool 和 Work Object。
2	检查转数计数器的位置。
3	如有必要，重新校准机器人轴。
4	通过跟踪噪声找到有故障的轴承。
5	通过跟踪噪声找到有故障的电机，分析机器人 TCP 的路径以确定哪个轴，进而确定哪个电机可能有故障。
6	检查平行杆是否正确（仅适用于装有平行杆的机器人）。
7	确保根据配置文件中的指定连接正确的机器人类型。
8	确保机器人制动闸可以正常工作。

（9）机械噪声

在操作期间，电机、齿轮箱、轴承等不应发出机械噪声。出现故障的轴承在故障之前通常会发出短暂的摩擦声或者滴答声。出现故障的轴承造成路径精确度不一致，并且在严重的情况下，接头会完全抱死。该症状可能由以下原因引起：① 磨损的轴承；② 污染物进入轴承圈；③ 轴承没有润滑；④ 过热。

要矫正该症状，建议采用下面的操作表 3-9（按概率顺序列出操作）。

表 3-9　机械噪声建议操作步骤

步　骤	建议操作
1	确定发出噪声的轴承。
2	确保轴承有充分的润滑。
3	如有可能，拆开接头并测量间距。
4	电机内的轴承不能单独更换，只能更换整个电机。
5	确保轴承正确装配。
6	齿轮箱过热可能由以下原因造成： （1）使用的油的质量不好或油面高度不正确。 （2）机器人工作周期运行特定轴太困难。研究是否可以在应用程序编程中写入小段的"冷却周期"。 （3）齿轮箱内出现过大的压力。

2. 事件日志信息故障

操作机器人系统时，现场通常没有工作人员。为了方便故障排除，系统的记录功能会保存事件信息，并将其作为参考。事件是在日志中生成一个项目的特定事件。举例而言，如果操纵器与障碍物碰撞，这将导致一条消息发送到日志。事件消息显示有一个时间标记或其他标记。所谓事件日志消息实际上是描述所发生的事件以及事件对系统造成的后果等。

图 3-1 展示了在 FlexPendant 上显示的日志项目列表。

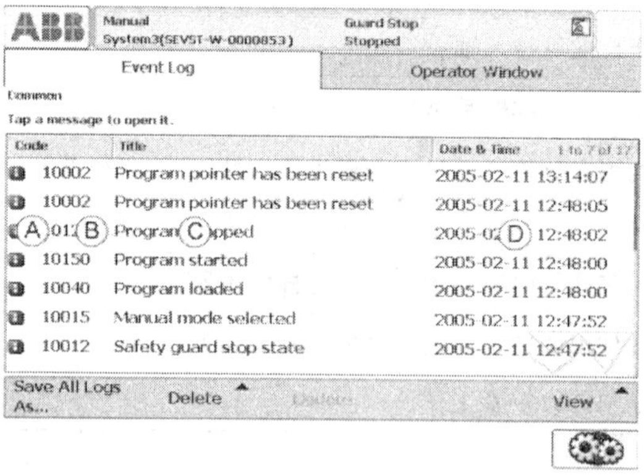

A：事件类型（错误警告信息）　B：事件代码　C：事件主题　D：发生日期和时间

图 3-1　事件日志列表

下面列出了常见的事件日志消息代码及处理方法（具体的事件消息见产品说明书）。

（1）紧急停止状态（10013）

紧急停止设备将电机开启（ON）电路断开，系统处于紧急停止状态。这会造成机器人运行的程序与机器人动作立即停止且机器人轴被机械制动闸固定在适当的位置。这可能是任何与紧急停止输入端连接的紧急停止设备已被断开。它们可以是内部的（在控制器或示教器上）或者是外部的（系统构建器连接的设备）。

建议措施：① 检查是哪个紧急停止装置导致了停止；② 关闭/重置该装置；③ 要恢复操作，请按"控制模块"上的电机开启（ON）按钮，将系统切换回电机开启状态。

（2）转数计数器未更新（10036）

检查后，系统发现一个或多个轴的转数计数器未更新。这会造成要启动操作，必须更新所有轴的转数计数器。这可能是机械手驱动电机和相关单元有变更，如替换成了故障单元。

建议措施：在系统中更新所有轴的转数计数器操作。

（3）计划路径未中止（10421）

目标已被修改，该目标可能是计划机器人路径的一部分，新的目标位置将在下次执行指令和目标时使用。这会造成当前计划路径使用的是原先的目标位置。

建议措施：如果当前计划路径不安全，请移动程序指针，中止该路径。

（4）两个信道故障（20213）

检测到运行链或 ENABLE 链其中之一出现短暂的状态变更。这会造成系统进入

SYSHALT 状态。这可能是由于许多故障造成的，常见的是操作者对使能器操作不当。

建议措施：① 检查电缆及其连接；② 检查同一时间出现的其他事件日志消息，以判定故障的起因；③ 为使链返回至定义状态，请先按住然后重置紧急停止按钮，这样可能会解决问题。

（5）Teach 模式中超速（38104）

连接到驱动模块 arg 的一个或更多机器人轴超过示教操作模式的最高速度（250mm/s）。这会造成系统进入 SYSHALT（系统暂停）状态。这可能是在 Motor OFF（电机关）状态下手动运行了机器人。也可能是因为电机轴和外轴分解器之间的关系和换向失调，这种情况主要出现在安装过程中。

建议措施：①按 Enabling Device（使能）键尝试恢复操作；② 检查同一时间出现的其他事件日志消息，以确定实际原因；③ 对当前电机执行重新换向操作。有关这一操作的详细说明见附加轴手册。

（6）电池备份丢失（38200）

机器人中的串口测量板（SMB）的后备电池已丢失，电池连接在测量链接的驱动模块上。这会造成 SMB 电池电源中断时（关闭电源），机器人将会丢失转数计数器数据。此警告将会重复记录。这可能是由于 SMB 电池已放电或未连接。对于某些机器人型号，SMB 电池电源是通过机器人信号电缆中的跳线供电的（请参阅 IRC5 电路图），断开电缆会阻断电池供电。某些早期版本的机器人使用的是可充电电池，这些电池必须至少充电 18 小时才能正常工作。

建议措施：① 确保将已充电的 SMB 电池连接到电路板；② 断开机器人信号电缆可能会断开 SMB 电池供电，从而触发电池警告开始记录；③ 如果电池放电，请更换电池，通过更新转数计数器来重设电池电源警告。

二、故障排除策略

1. 隔离故障

任何故障都会引起许多症状，对它们可能会创建也可能不会创建错误事件日志消息。为了有效地消除故障，辨别原症状和继发性症状很重要。在对任何系统进行故障排除时，最好是将故障链分为两半。这意味着：① 标识完整的链；② 在链的中间确定和测量预期值；③ 使用此预期值确定哪一半造成该故障；④ 将这一半再分为两半，依此类推；⑤ 最后，可能需要隔离一个组件（有故障的部件）。

例如：在特定的 IRB 7600 安装具有一个 12VDC 电源为操纵器手腕带的工具供电，但在检查时，此工具无法工作，它没有 12VDC 的电源。在对这个故障进行排除时应该做到：① 在操纵器底座检查，看是否有 12VDC 的电源；② 检查控制器中的操纵器和电源之间的任何连接器；③ 检查电源单元 LED。

2．系统地工作

更换任何部件之前，确定该故障的原因进而确定要更换的单元，这点很重要。随机更换单元有时可能会解决紧急的问题，但也会给故障排除人员留下许多工作状况欠佳的单元。所以在排除故障时：

（1）一次只更换一个单元

在更换已被隔离的可疑故障单元时，一次只更换一个单元，这点很重要。务必根据现有机器人或控制器的 Product Manual 中维修章节的说明更换组件。更换之后测试系统，看问题是否已经解决。如果一次更换几个单元会造成：① 无法确定造成该故障的单元；② 使订购新的备用件变得更复杂；③ 可能会给系统带来新的故障。

（2）环顾四周

通常，在观察周围情况时会很容易发现原因，所以在出错设备所在的区域，务必检查：① 紧固螺丝是否固定；② 所有连接器是否固定；③ 所有电缆是否无破损；④ 设备是否清洁（对于电气设备尤其如此）；⑤ 设备是否正确装配。

（3）检查是否有遗漏的工具

某些维修和维护工作要求使用专用于装配机器人设备的工具。如果遗漏这些工具（如平衡气缸锁定设备或者连接计算机设备用于测量的信号电缆），可能会造成机器人出现反常的行为。在维护工作完成之后，确保拆下所有此类工具。

3．保持跟踪历史记录

在某些情况下，特殊安装可能会造成其他安装情况下不会出现的故障。因此，制定每种安装的图表会为故障排除人员提供巨大帮助。为方便故障排除，故障情况日志具有以下优点：① 它使故障排除人员可以查看各个故障情况下不明显的原因和后果模式；② 它可指出在故障出现之前发生的特定事件，例如正在运行的工作周期的某一部分。

4．重启系统

ABB 机器人系统可以长时间无人操作，所以无须定期重新启动运行的系统。以下情况下需重新启动机器人系统：① 安装了新的硬件；② 更改了机器人系统配置文件；③ 添加并准备使用新系统；④ 出现系统故障（SYSFAIL）。通过不同类型的重启方式可以实现不同的功能，从而排除故障。

（1）W－启动重新启动并使用当前系统（热启动）

想重新启动并选择其他系统。引导应用程序将在启动时启用。

（2）X－启动重启并选择其他系统（X－启动）

想切换至其他已安装的系统或是安装一个新系统，并且同时从控制器删除当前系统。警告！此操作不可撤销。系统和 RobotWare 系统包将被删除。

（3）C—启动重启并删除当前系统（C—启动）

想删除所有用户加载的 RAPID 程序。警告！此操作不可撤销。

（4）P—启动重启并删除程序和模块（P—启动）

想返回默认系统设置。警告！此操作将从内存中删除所有用户定义的程序和配置，并以出厂默认设置重新启动系统。

（5）I—启动重启并返回到默认设置（I—启动）

系统已被重新启动，并且用户希望从最近一次成功关闭的状态使用该映像文件（系统数据）重新启动当前系统。

（6）B—启动从以前存储的系统重新启动（B—启动）

想要关闭和保存当前系统，同时关闭主机。

任务准备

实施本次任务所使用的实训设备及工具材料可参考表 3－10。

表 3－10　实训设备及工具材料

序　号	名　　称	型号规格	数量	单　位	备　注
1	ABB 焊接机器人	IRB1410	1	套	固定工作台

任务实施

操作任务	对机器人系统进行检修操作		姓名	
学号			组别	

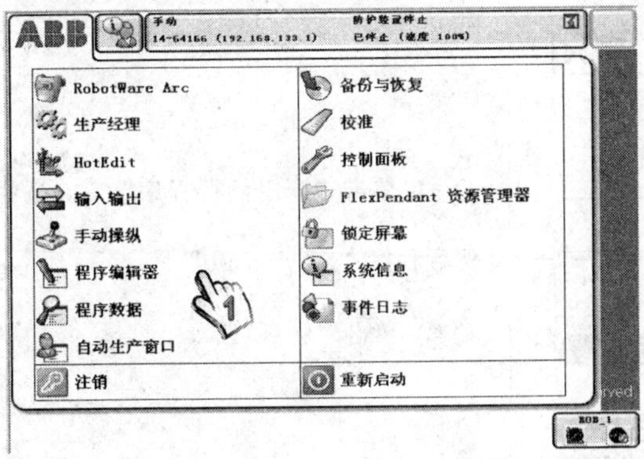

在机器人示教器面板上单击"ABB"，然后单击"程序编辑器"。

续表

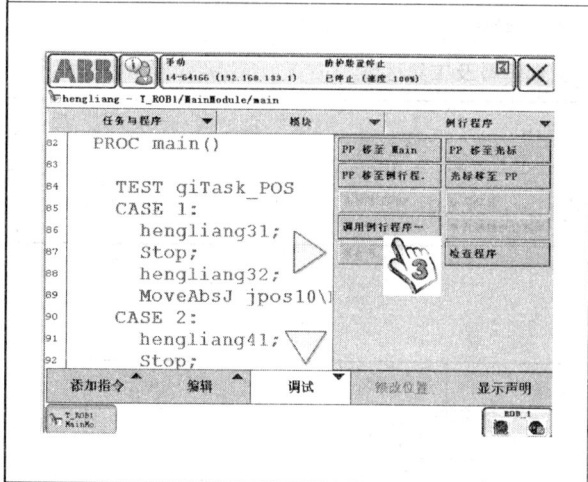

	② 在程序编辑器窗口里面单击"调试"。
	③ 在程序编辑器窗口里面单击"调用例行程序"。
	④ 单击"调用例行程序"后,选择例行程序"ServiceInfo"。 ⑤ 单击"转到"。

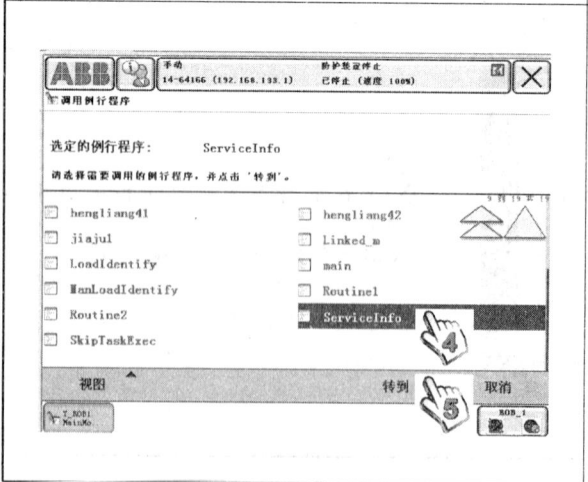

续表

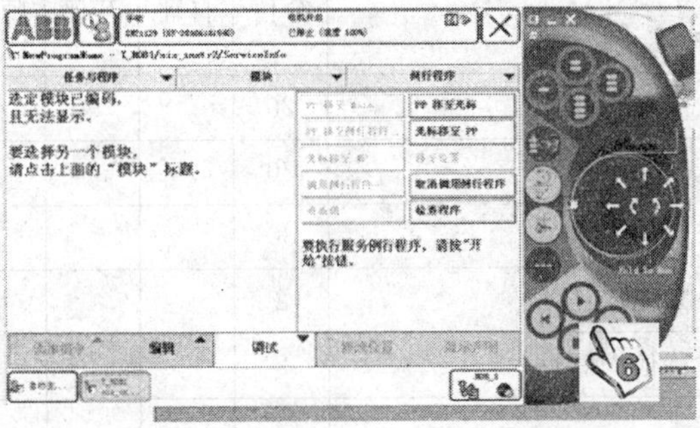	6 这时请压下示教器的使能，然后按下开始按钮。
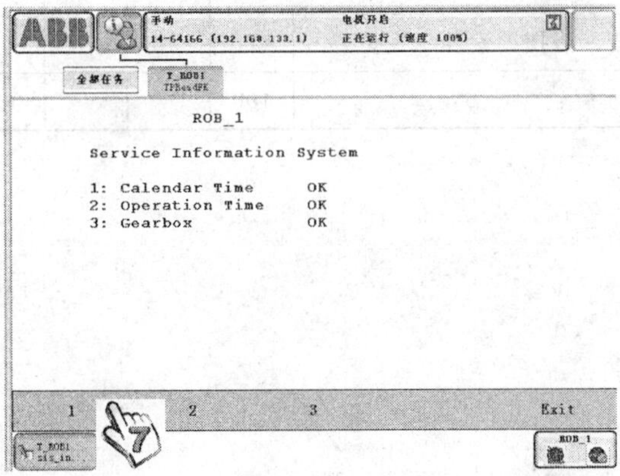	7 根据提示依次对机器人和外部轴电机进行检修，先选择1再选择2，然后根据提示操作，更新到OK为止。设备有问题，系统会弹出问题所在部位。

检查评议

姓名			学号		分值	自评	互评	师评
序号	考核项目		评分标准					
1	学习态度		是否守纪（不迟到、不早退、不高声说话、不串岗）		5			
			在任务实施过程中表现出积极性、主动性和发挥作用		5			
2	学习方法		是否运用各种资料提取信息进行学习，获得新知识		2			
			在任务实施过程中，是否发现问题、分析问题和解决问题		3			
			是否认真分析任务		3			
			是否认真将资料完整归档		2			

续表

姓名			学号		分值	自评	互评	师评
序号	考核项目		评分标准		分值	自评	互评	师评
3	任务完成情况		能否理解故障的排除策略		20			
			能否掌握常见故障的排除		20			
			能否运行检修程序进行检修操作		30			
4	职业素养		团队关系融洽，共同制订计划完成任务		2			
			发现问题协商解决，认真对待他人意见		2			
			主动沟通，语言表达流利		2			
			具备安全防护与环保意识		2			
			做好 6S（整理、整顿、清洁、清扫、素养、安全）		2			
总分					100			

项目四

虚拟仿真软件的使用

任务1 建立工作站

能力目标：

1. 能够新建一个空的虚拟机器人工作站。
2. 能够对虚拟机器人本体视图进行操作。
3. 能够将新建好的虚拟机器人工作站保存到指定位置。

任务描述

对现有的焊接机器人系统进行虚拟仿真操作的首要步骤是在虚拟仿真软件中建立一个与真实机器人工作站一致的系统和机器人本体。新建好的虚拟机器人工作站可以保存在电脑的指定位置，方便查找使用。

任务准备

实施本次任务所使用的实训设备及工具材料可参考表4-1-1。

表4-1-1 实训设备及工具材料

序　号	名　　称	型号规格	数　量	单　位	备　注
1	ABB虚拟仿真软件	RobotStudio 5.12	1	套	计算机软件
2	电脑	1.8GHz以上，1GB内存以上	1	套	

任务实施

操作任务	建立工作站	姓名	
学号		组别	

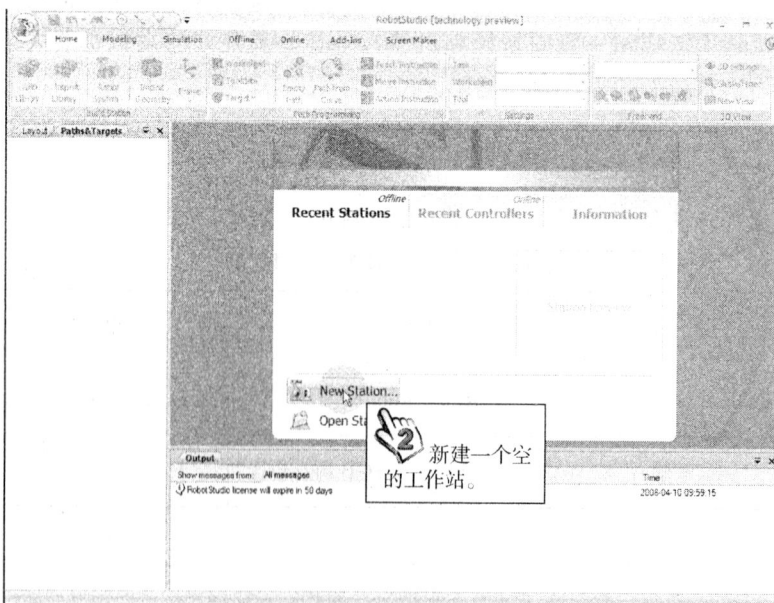

① 在电脑中打开虚拟仿真软件，在初始页面中选择在线仿真功能。

② 新建一个空的工作站。

续表

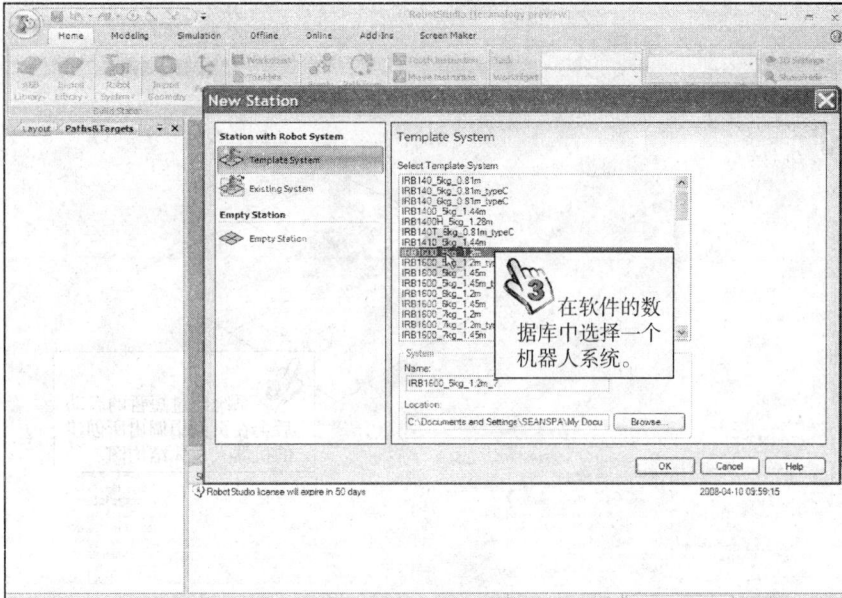

续表

⑤系统经过短暂的启动后会在页面中调出所创建的机器人本体结构图。

⑥滚动鼠标的滚轮可以对机器人本体进行缩小操作。

续表

7　反方向滚动鼠标的滚轮可以对机器人本体进行放大操作。

8　按住鼠标滚轮不放移动鼠标可以对机器人本体进行翻转操作，或者是按住键盘的"Ctrl"与"Shift"键的同时移动鼠标也可以进行翻转。

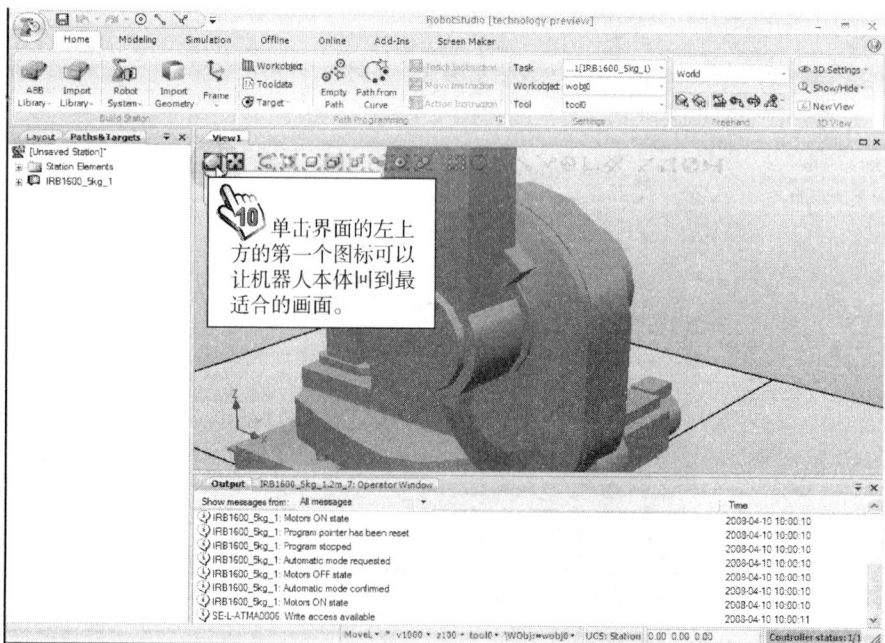

续表

11 选择保存该虚拟工作站。

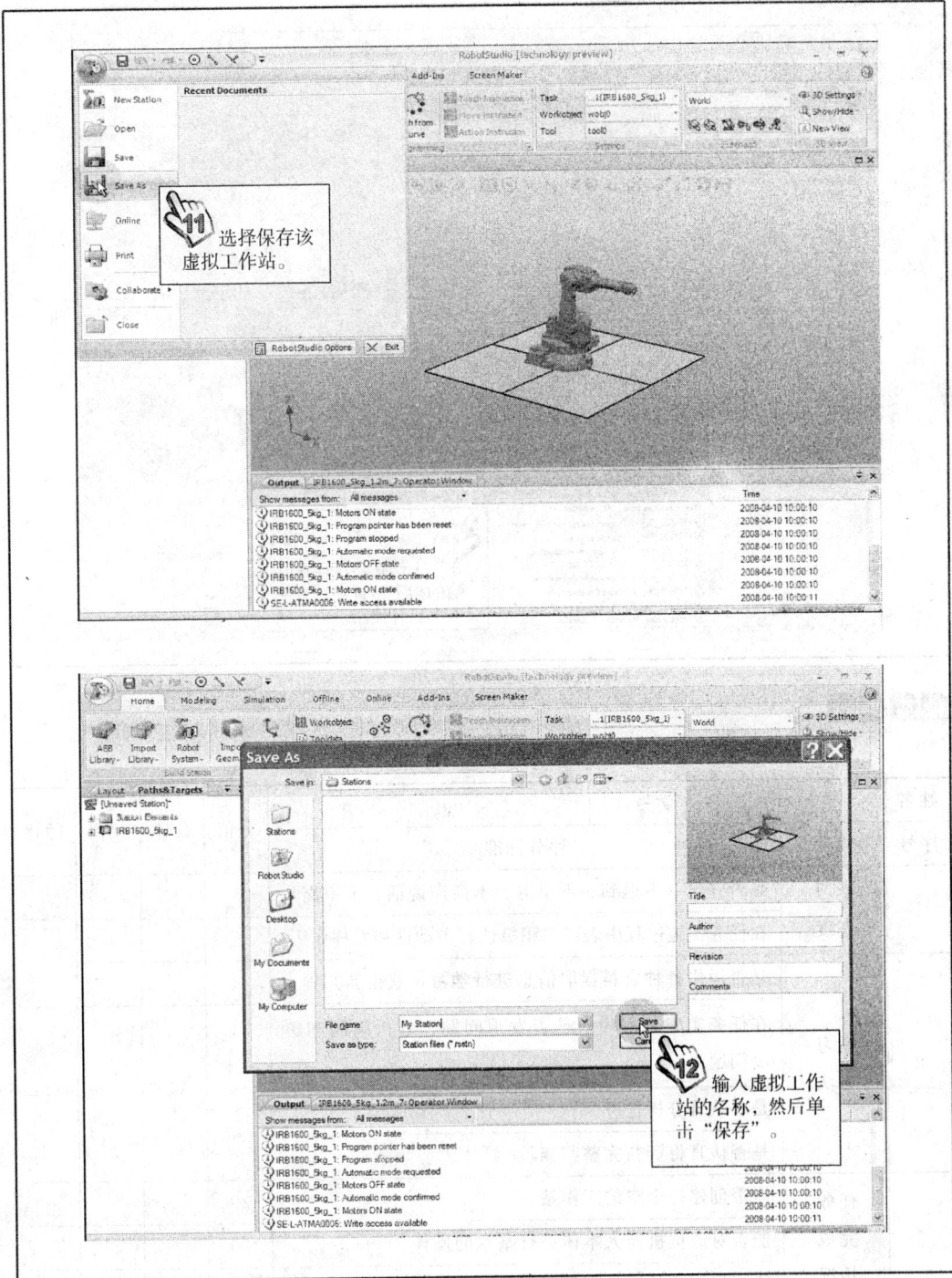

12 输入虚拟工作站的名称，然后单击"保存"。

续表

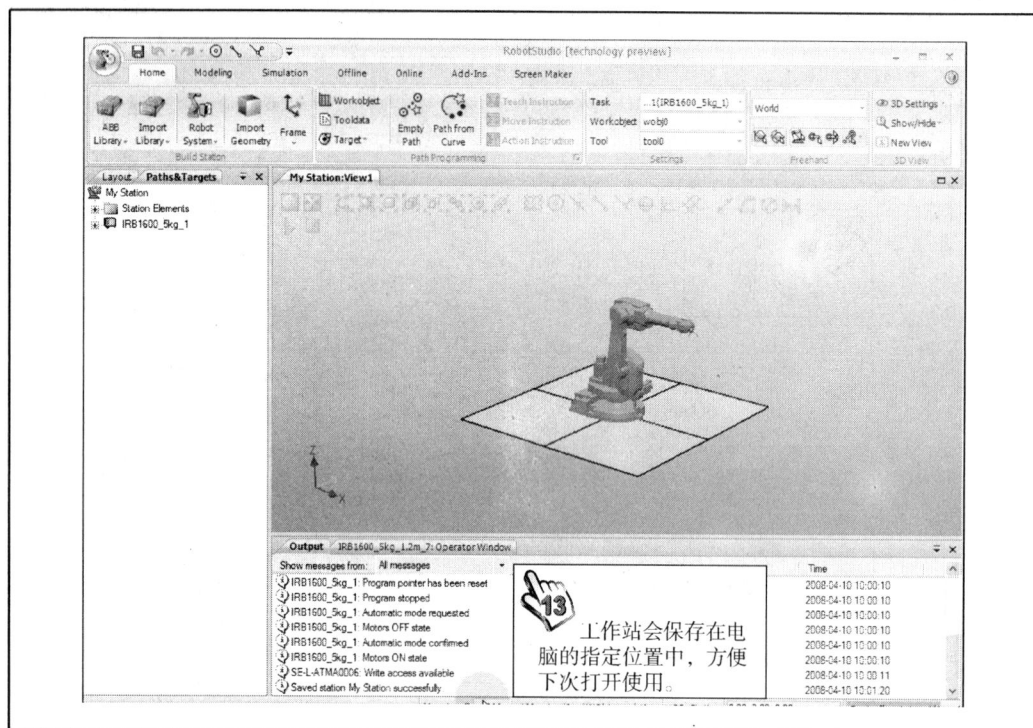

检查评议

姓名		学号		分值	自评	互评	师评
序号	考核项目		评分标准	分值	自评	互评	师评
1	学习态度	是否守纪（不迟到、不早退、不高声说话、不串岗）		5			
		在任务实施过程中表现出积极性、主动性和发挥作用		5			
2	学习方法	是否运用各种资料提取信息进行学习，获得新知识		2			
		在任务实施过程中，是否发现问题、分析问题和解决问题		3			
		是否认真分析任务		3			
		是否认真将资料完整归档		2			
3	任务完成情况	能否创建一个空的工作站		20			
		能否对虚拟机器人本体进行基本的操作		20			
		能否将创建的工作站保存到电脑的指定位置		30			

姓名		学号		分值	自评	互评	师评
序号	考核项目	评分标准					
4	职业素养	团队关系融洽，共同制订计划完成任务		2			
		发现问题协商解决，认真对待他人意见		2			
		主动沟通，语言表达流利		2			
		具备安全防护与环保意识		2			
		做好 6S（整理、整顿、清洁、清扫、素养、安全）		2			
总分				100			

任务 2　创建整体系统

学习目标

能力目标：

1. 能够建立机器人系统。

2. 学会查看机器人系统的基本信息。

任务描述

机器人系统集成厂家的设计人员需要为某工厂设计一套带变位机的双机器人系统工作站，为节约设计的时间，该设计人员需要使用虚拟仿真系统进行虚拟工作站的设计，使其具有电气的特性来完成相关的仿真操作。带变位机的双机器人虚拟系统工作站如图 4-2-1 所示。

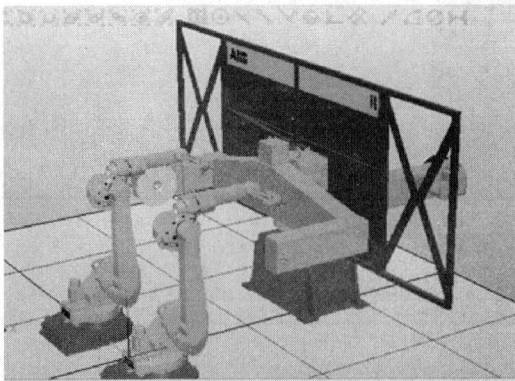

图 4-2-1　带变位机的双机器人虚拟系统工作站

实施本次任务所使用的实训设备及工具材料可参考表 4 - 2 - 1。

表 4 - 2 - 1 实训设备及工具材料

序　号	名　　称	型号规格	数　量	单　位	备　注
1	ABB 虚拟仿真软件	RobotStudio 5.12	1	套	计算机软件
2	电脑	1.8GHz 以上，1GB 内存以上	1	套	

任务实施

操作任务	创建整体系统	姓名	
学号		组别	

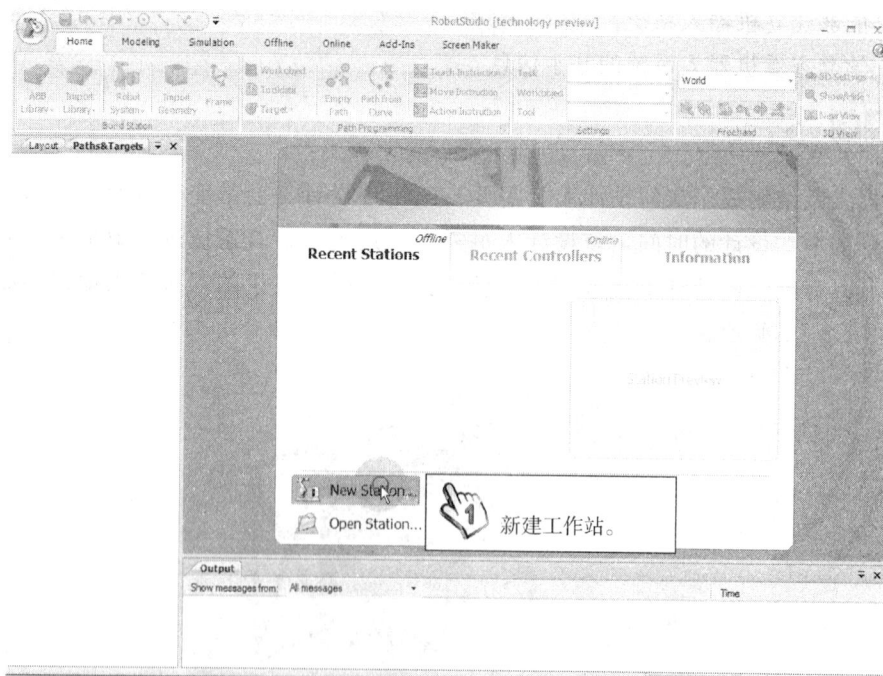

新建工作站。

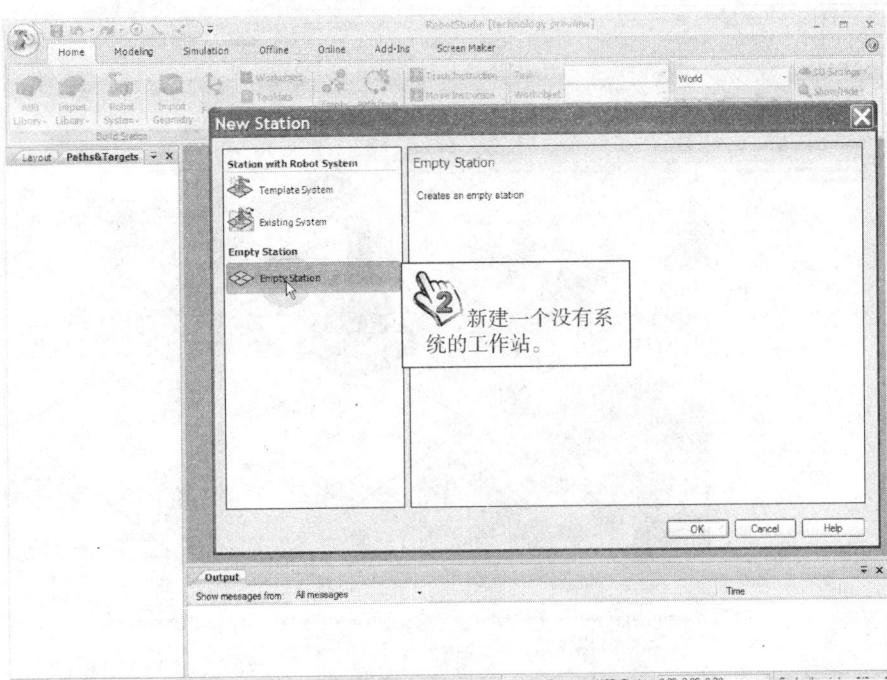

②新建一个没有系统的工作站。

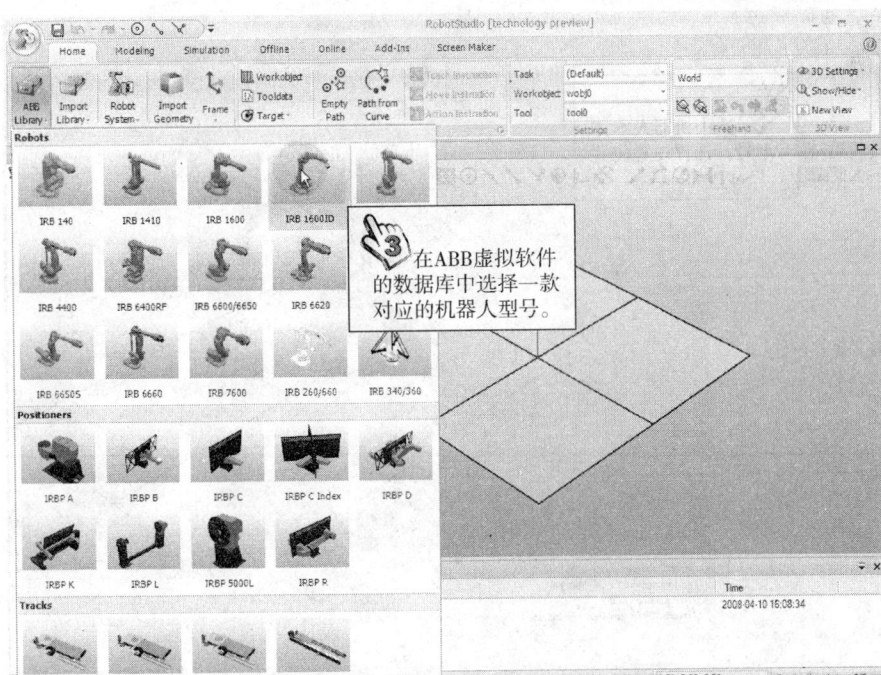

③在ABB虚拟软件的数据库中选择一款对应的机器人型号。

需要对机器人本体位置进行修改"Modify"。

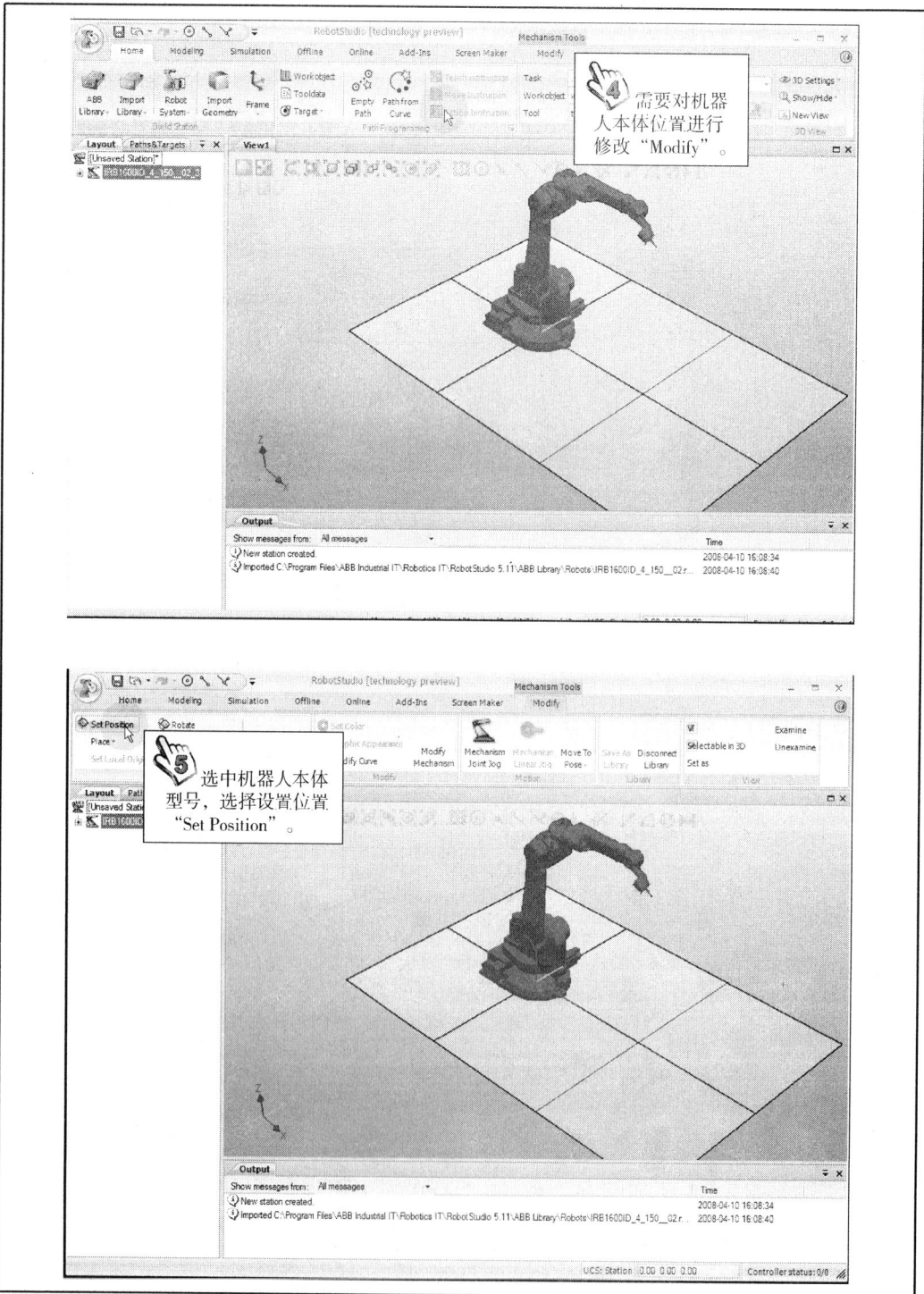

⑤选中机器人本体型号，选择设置位置"Set Position"。

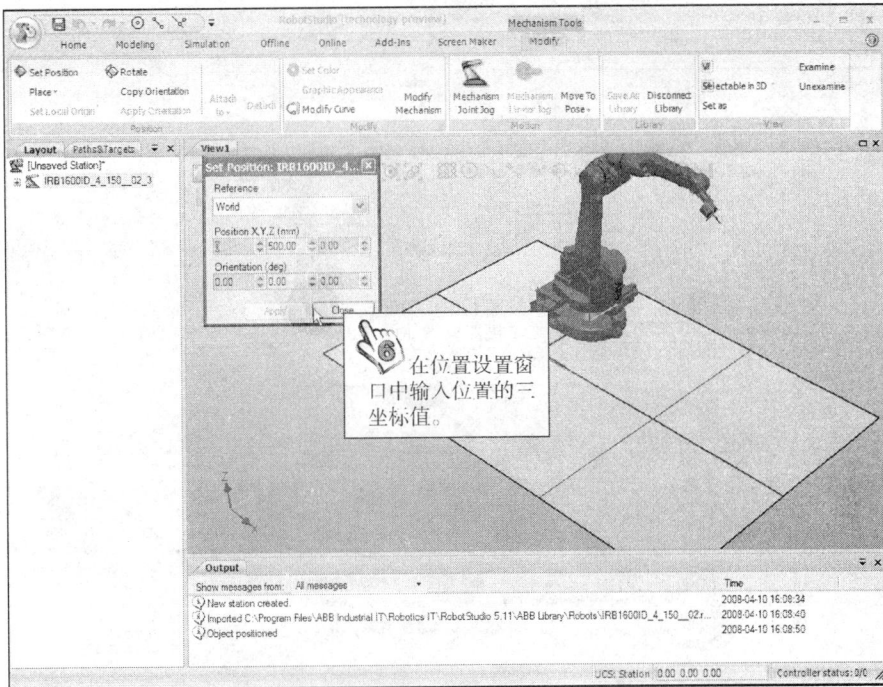

在位置设置窗口中输入位置的三坐标值。

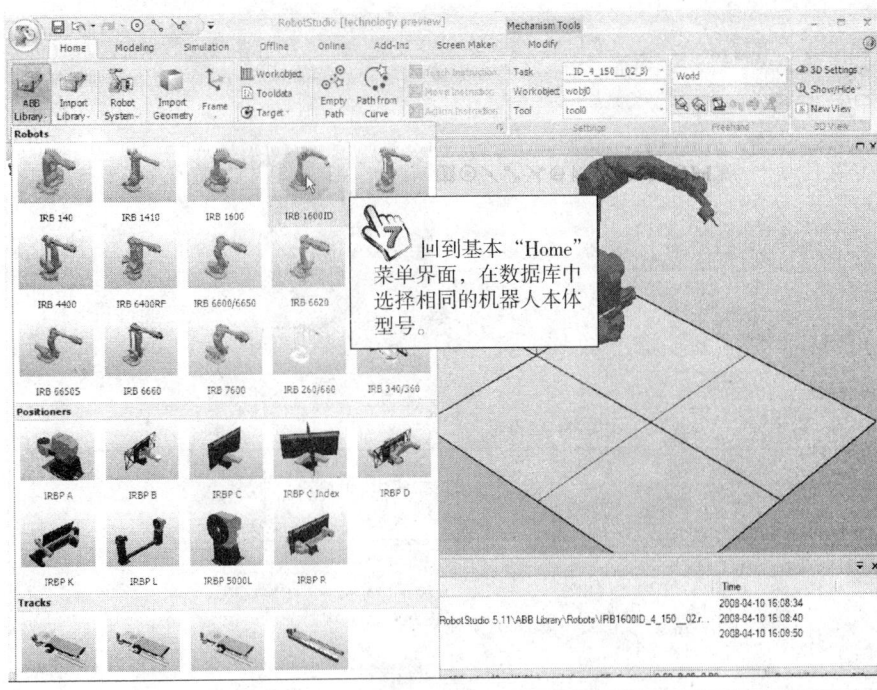

回到基本"Home"菜单界面，在数据库中选择相同的机器人本体型号。

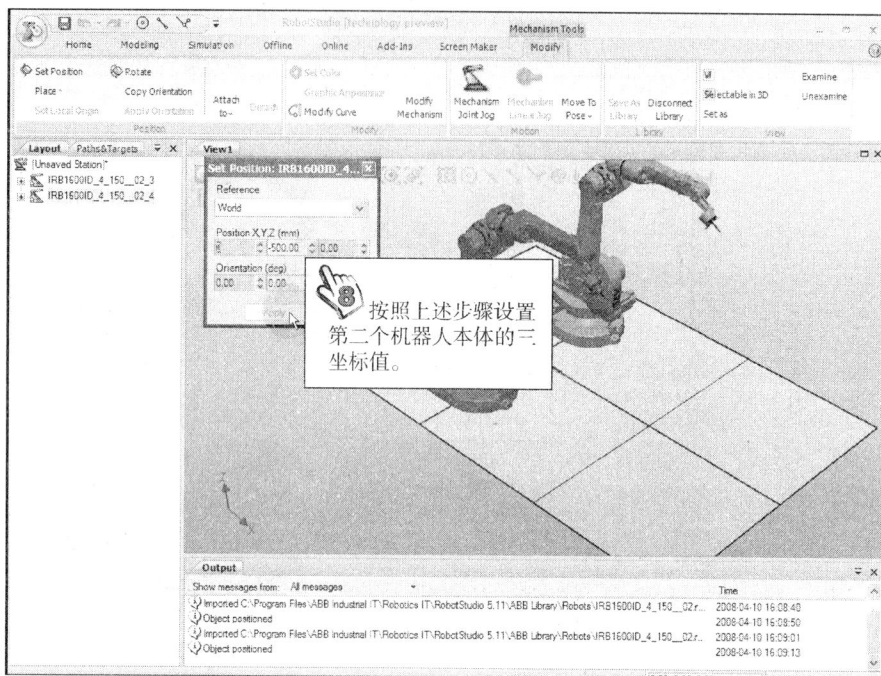

⑧ 按照上述步骤设置第二个机器人本体的三坐标值。

⑨ 在数据库中选择相应的变位机型号。

选择变位机的参数，默认直接确认。

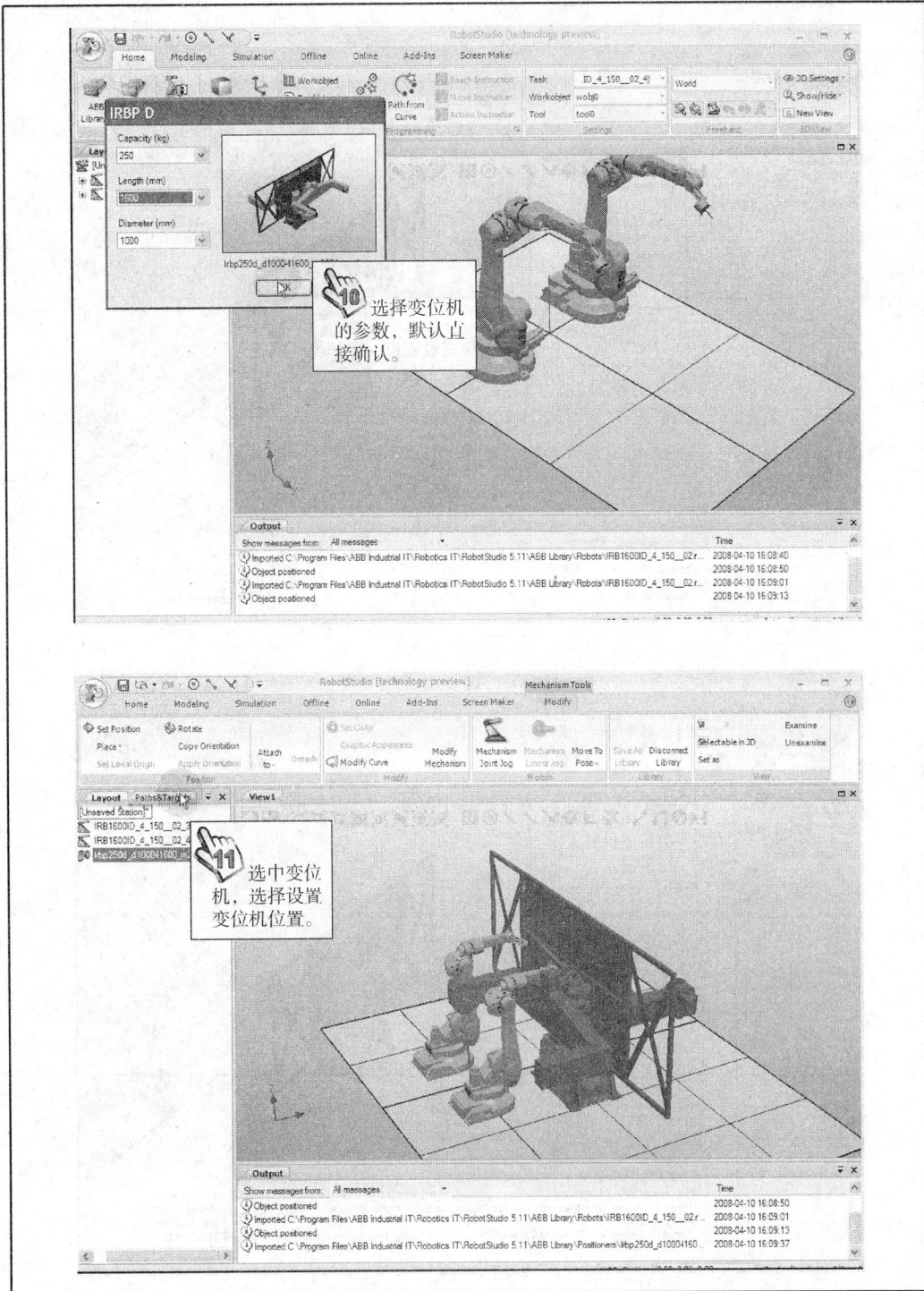

选中变位机，选择设置变位机位置。

续表

12 在位置设置窗口中输入变位机的三坐标值。

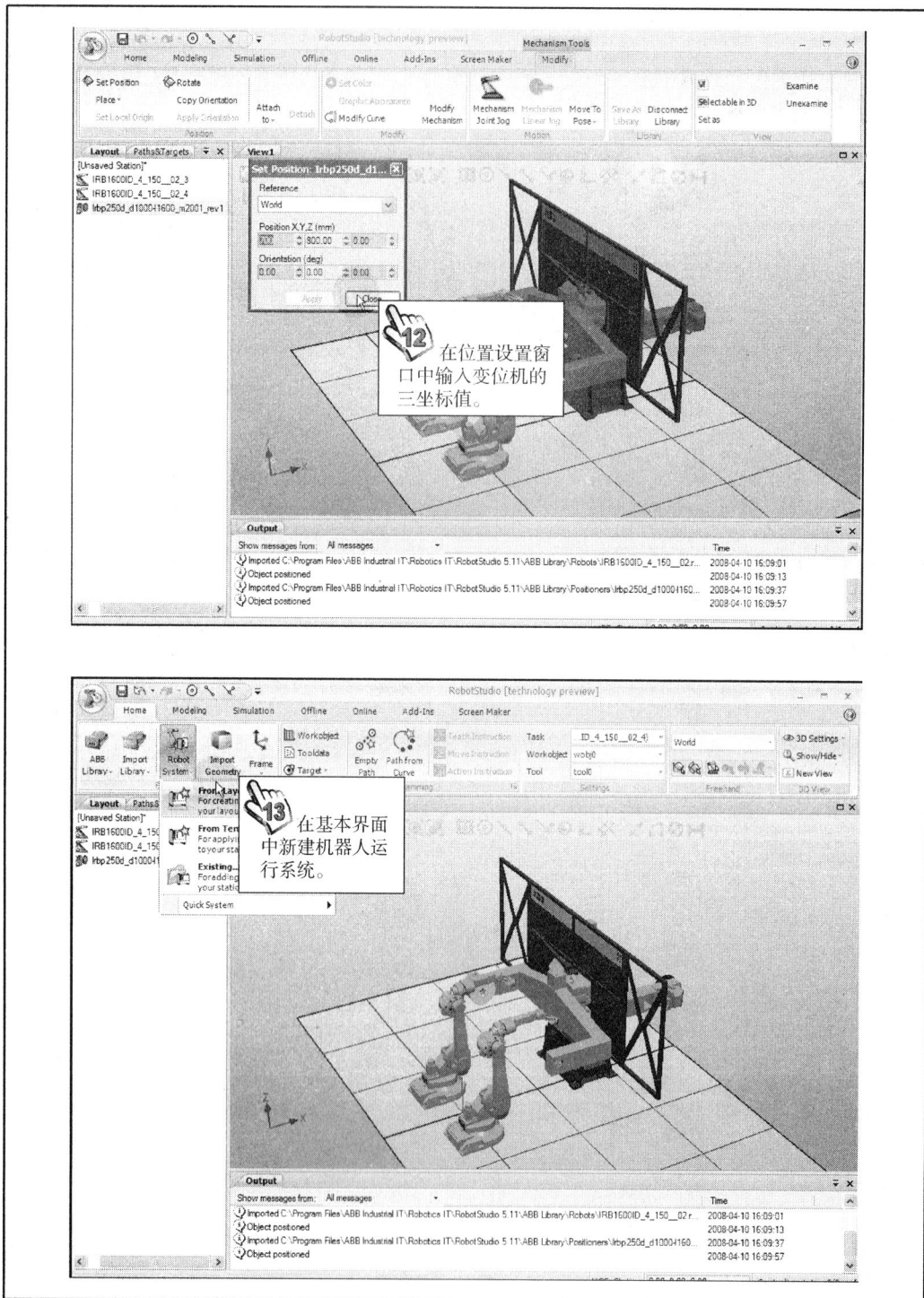

13 在基本界面中新建机器人运行系统。

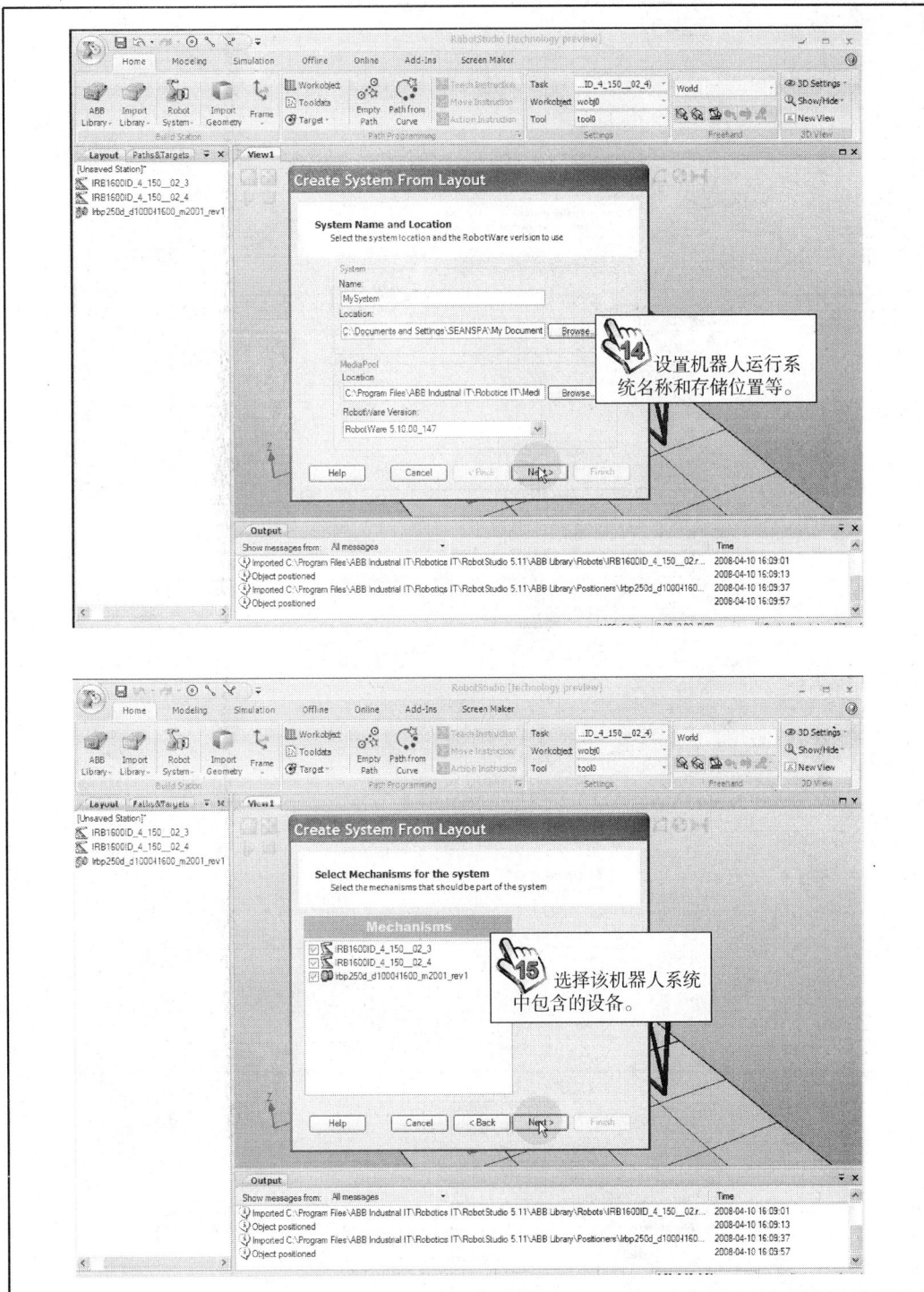

14 设置机器人运行系统名称和存储位置等。

15 选择该机器人系统中包含的设备。

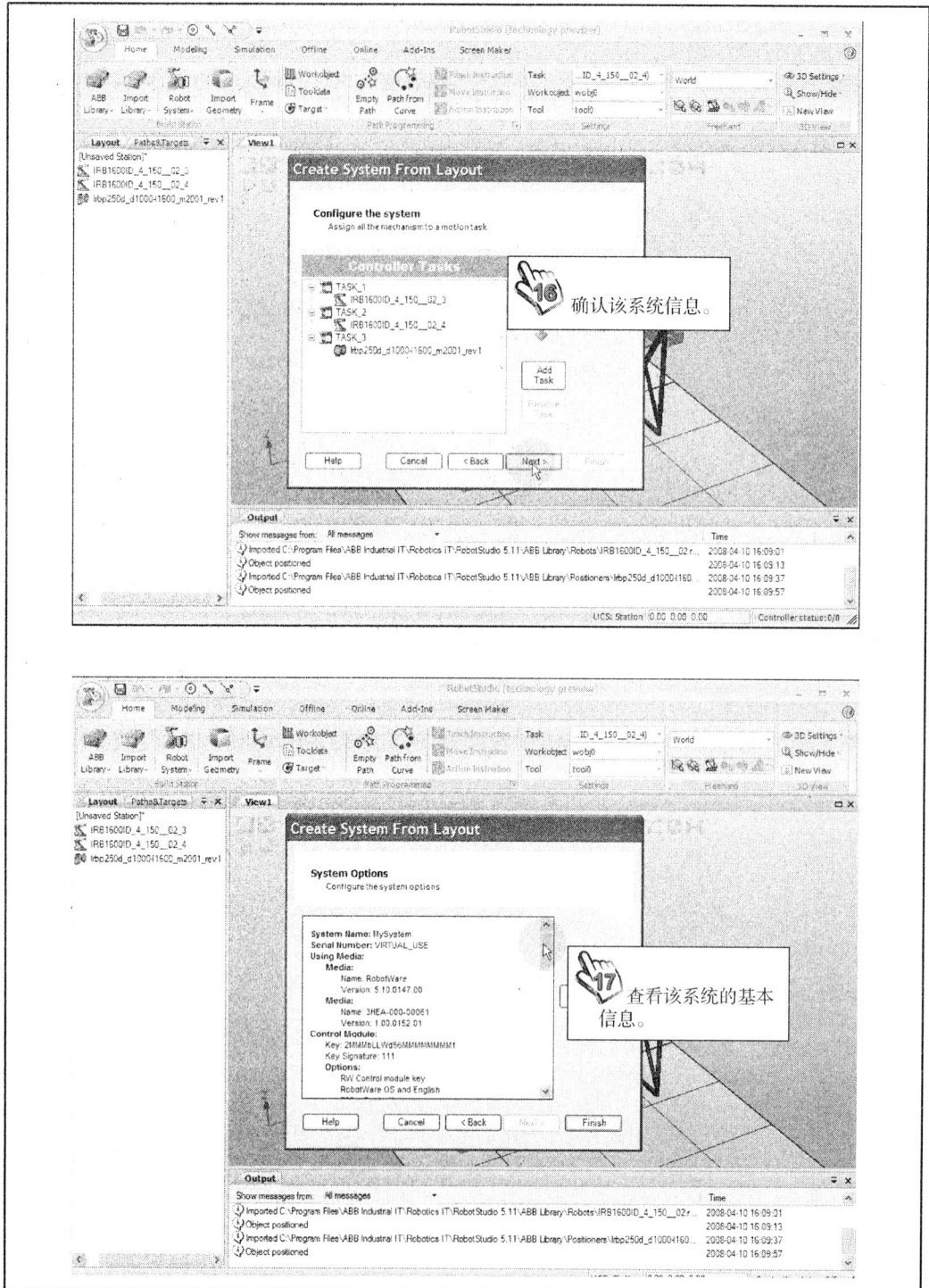

确认该系统信息。

查看该系统的基本信息。

查看该系统的基本信息。

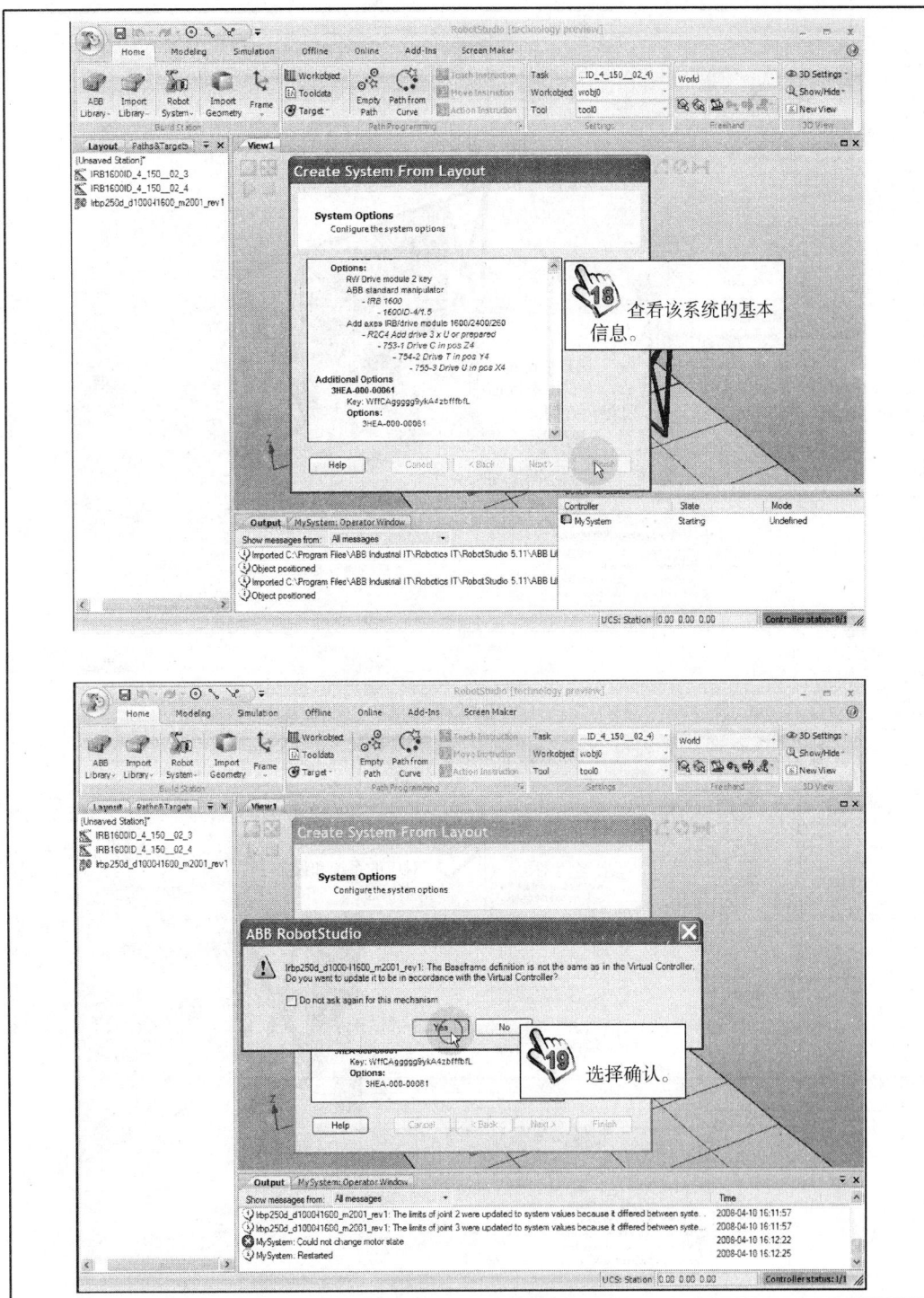

选择确认。

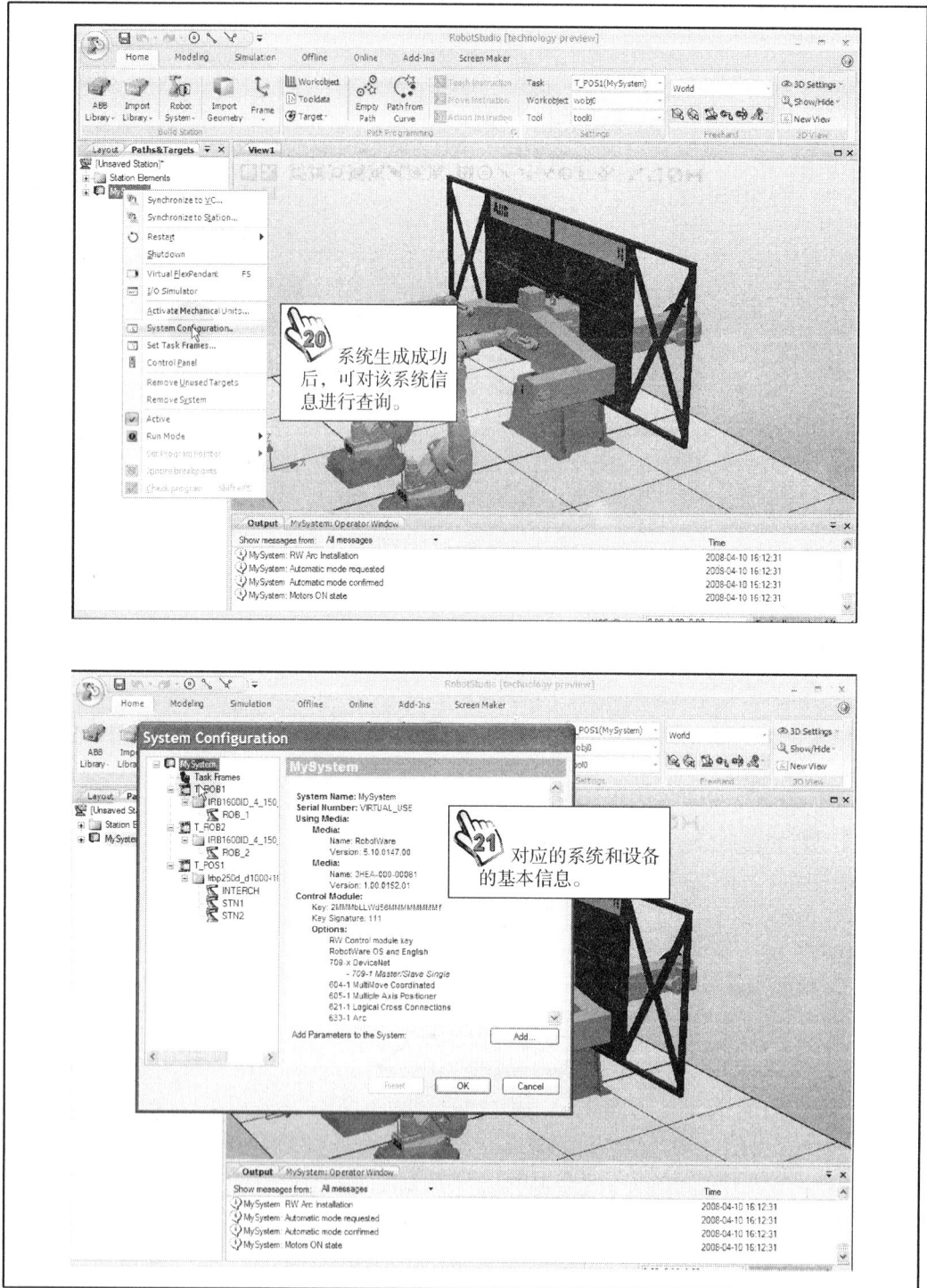

检查评议

姓名			学号		分值	自评	互评	师评
序号	考核项目		评分标准					
1	学习态度		是否守纪（不迟到、不早退、不高声说话、不串岗）		5			
			在任务实施过程中表现出积极性、主动性和发挥作用		5			
2	学习方法		是否运用各种资料提取信息进行学习，获得新知识		2			
			在任务实施过程中，是否发现问题、分析问题和解决问题		3			
			是否认真分析任务		3			
			是否认真将资料完整归档		2			
3	任务完成情况		能否添加合适的机器人本体与变位机型号		20			
			能否正确设置机器人本体与变位机位置		20			
			能否创建正确的机器人系统		30			
4	职业素养		团队关系融洽，共同制订计划完成任务		2			
			发现问题协商解决，认真对待他人意见		2			
			主动沟通，语言表达流利		2			
			具备安全防护与环保意识		2			
			做好6S（整理、整顿、清洁、清扫、素养、安全）		2			
总分					100			

任务3 虚拟机器人操作

学习目标

能力目标：

1. 学会手动操纵虚拟机器人本体运动。

2. 能够让机器人沿着目标点移动。

任务描述

　　某企业新招进了一批焊接机器人的操作和维护人员，但是由于该批人员对焊接机器人技术还比较陌生，需要企业的培训师对其培训才能够上岗。该企业的焊接机器人一直处于加工状态无法停工让其进行操作练习，可以用虚拟仿真软件代替真实机器人提供操作练习。现企业培训师使用虚拟仿真软件对该批员工进行机器人操作方面的有关培训。

任务准备

实施本次任务所使用的实训设备及工具材料可参考表4-3-1。

表4-3-1　实训设备及工具材料

序　号	名　称	型号规格	数　量	单　位	备　注
1	ABB虚拟仿真软件	RobotStudio 5.12	1	套	计算机软件
2	电脑	1.8GHz以上，1GB内存以上	1	套	

任务实施

操作任务	虚拟机器人操作		姓名	
学号			组别	

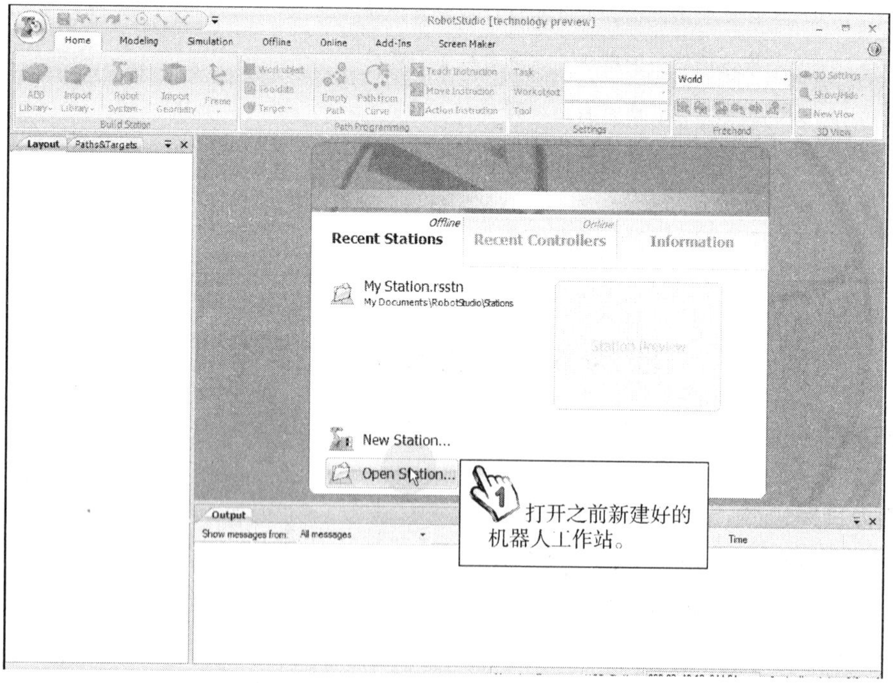

1　打开之前新建好的机器人工作站。

②　选择需要运行的机器人工作站并确认。

③　选择适合的机器人本体界面。

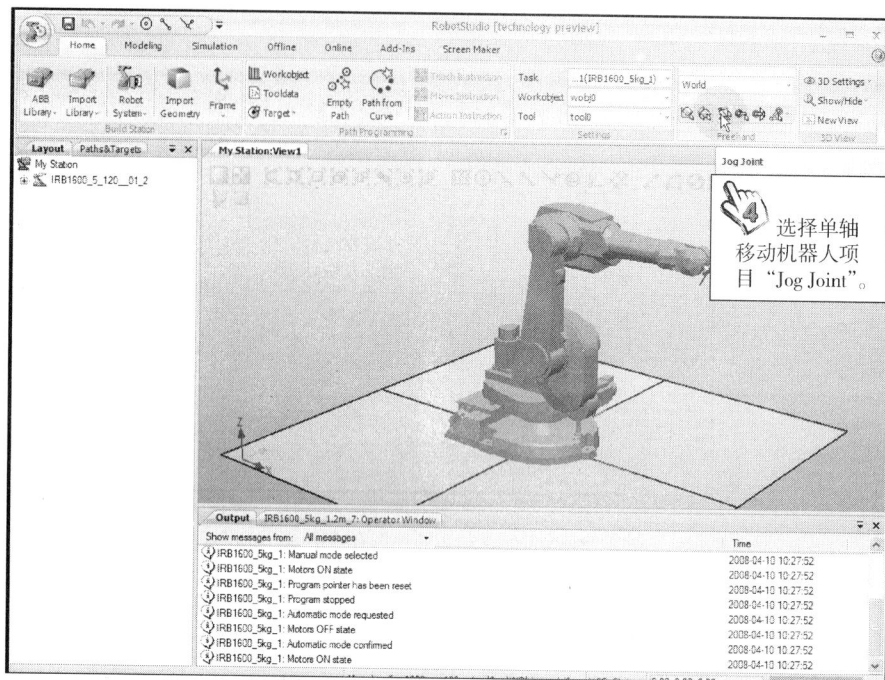

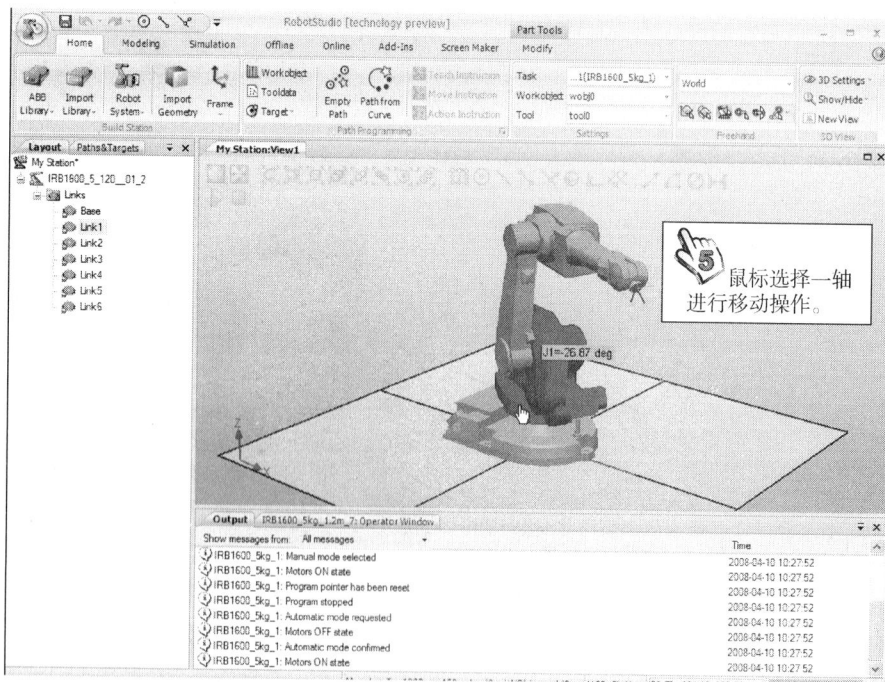

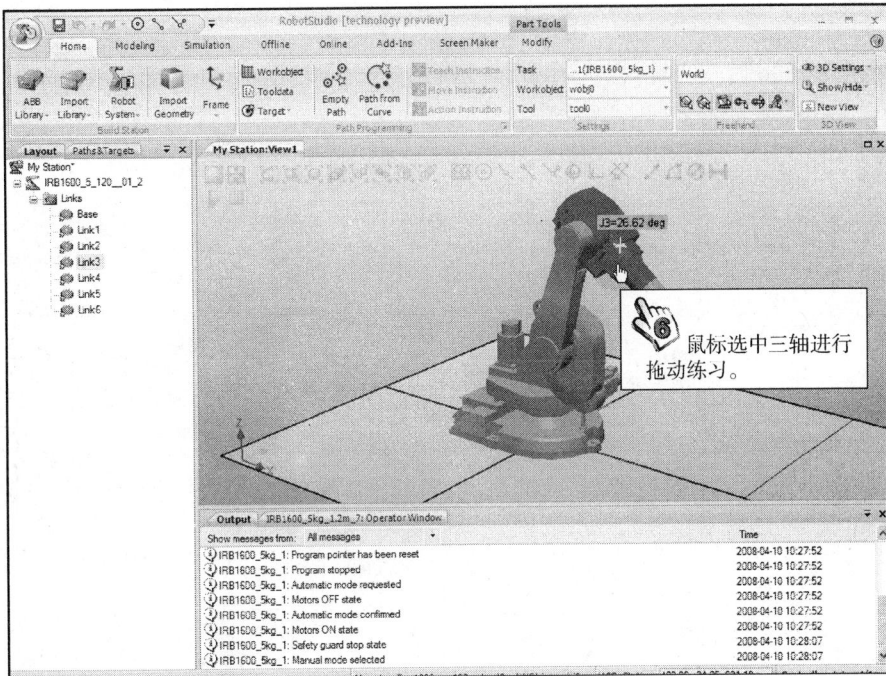

⑥鼠标选中三轴进行拖动练习。

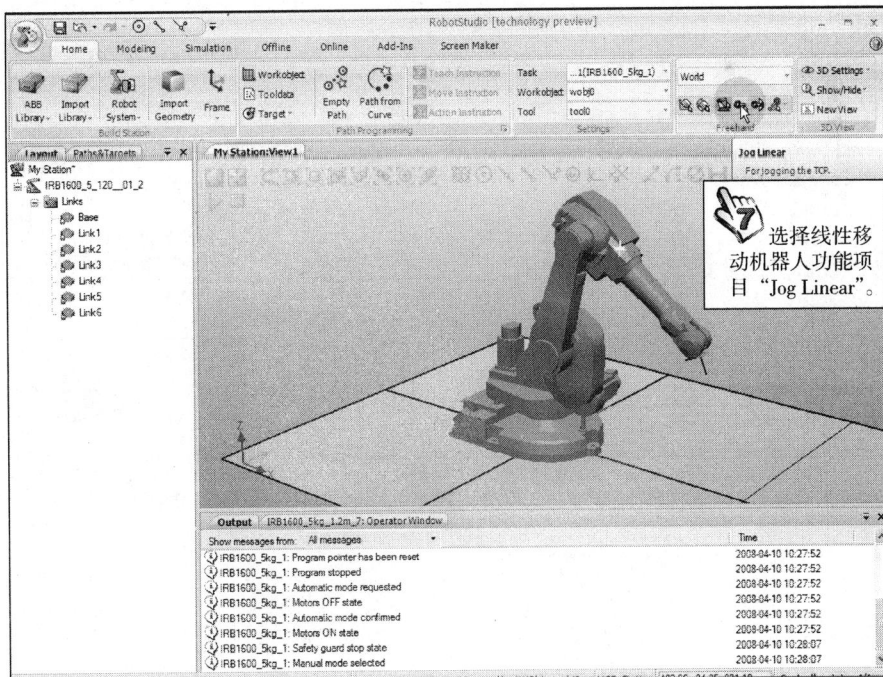

⑦选择线性移动机器人功能项目"Jog Linear"。

⑧ 选择机器人工具坐标系进行沿三坐标直线移动练习。

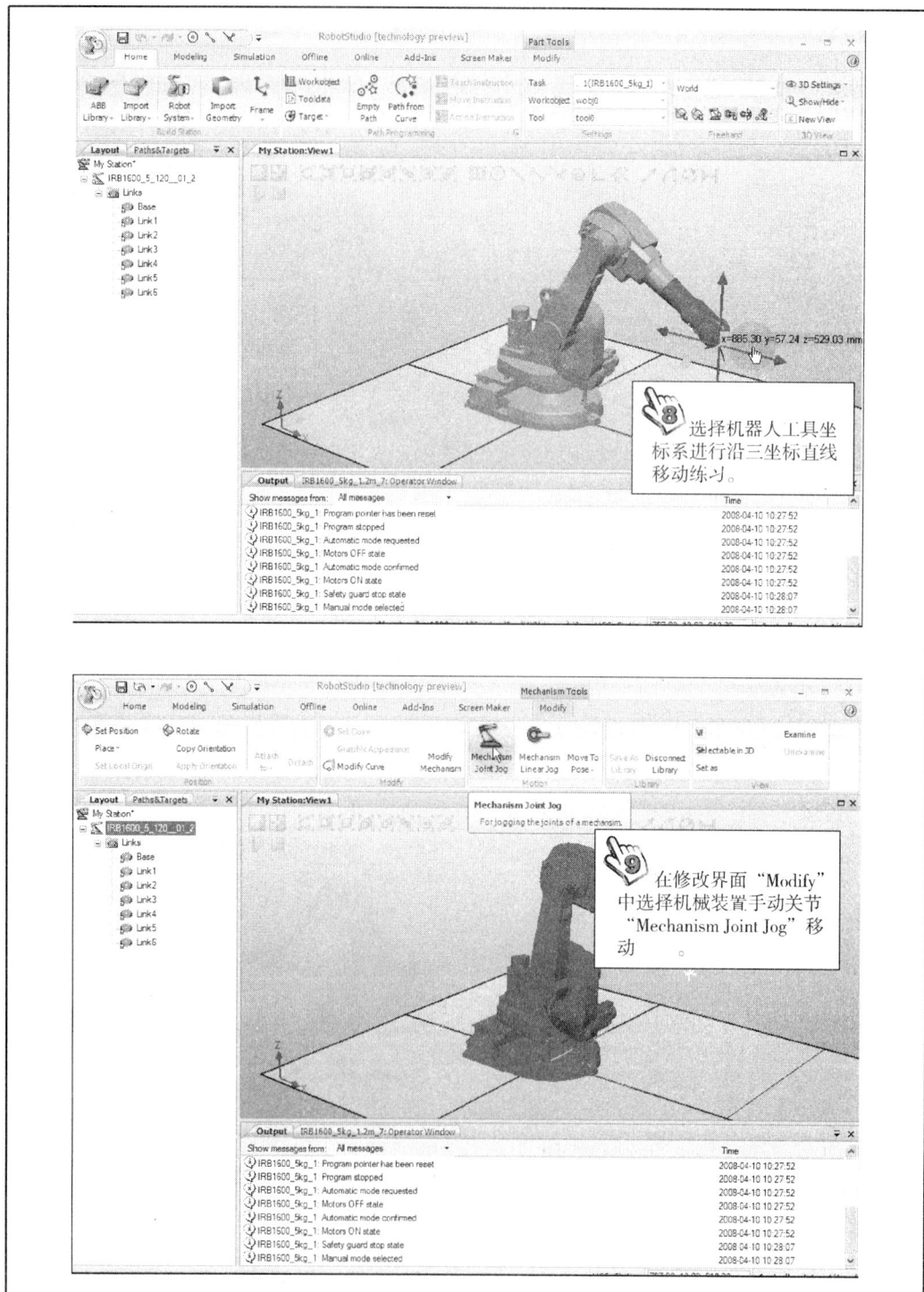

⑨ 在修改界面 "Modify" 中选择机械装置手动关节 "Mechanism Joint Jog" 移动。

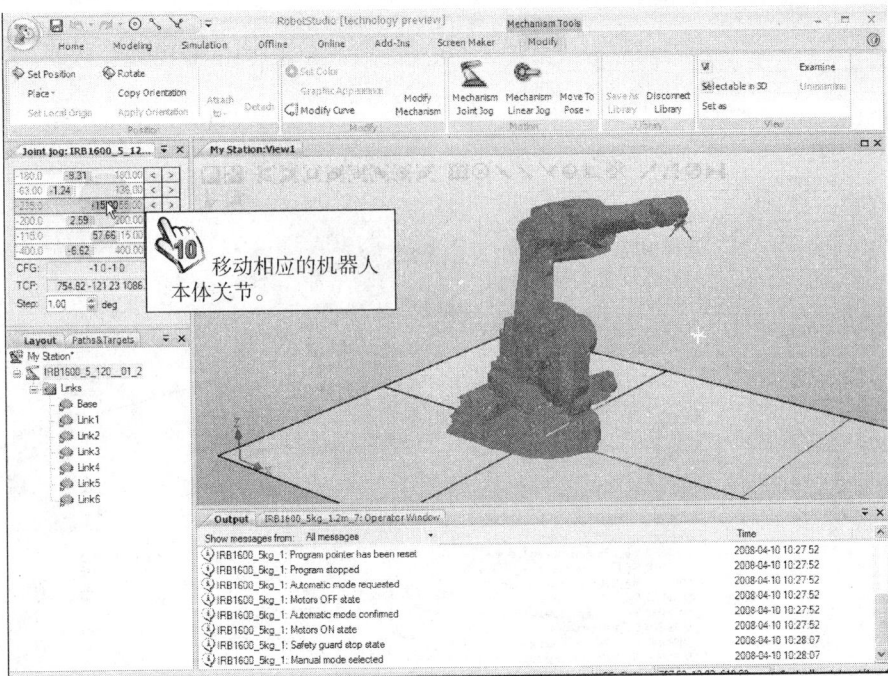

移动相应的机器人本体关节。

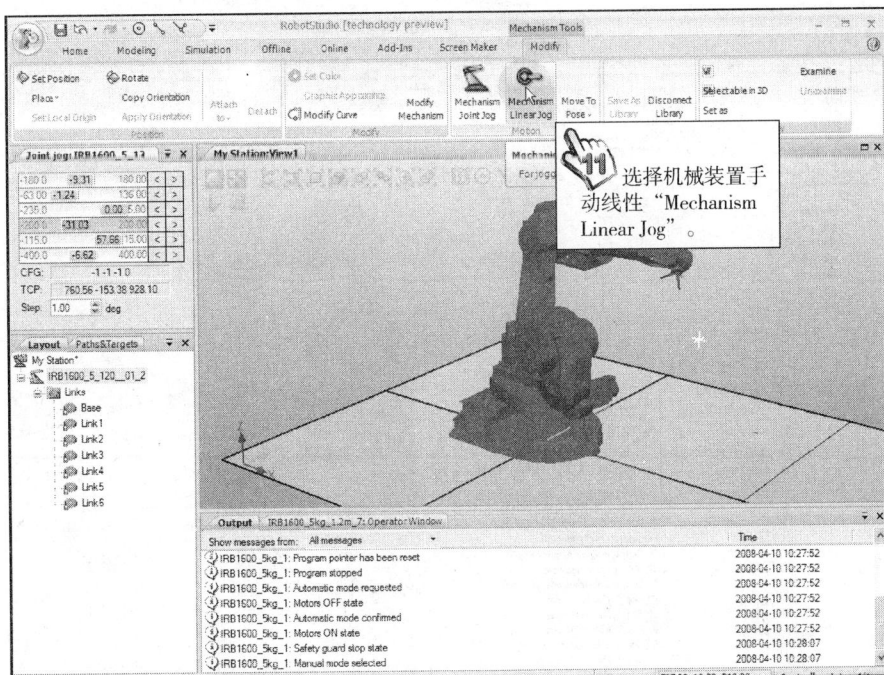

选择机械装置手动线性"Mechanism Linear Jog"。

续表

⑫ 选择相应的坐标轴或旋转轴进行线性或重定位操作练习。

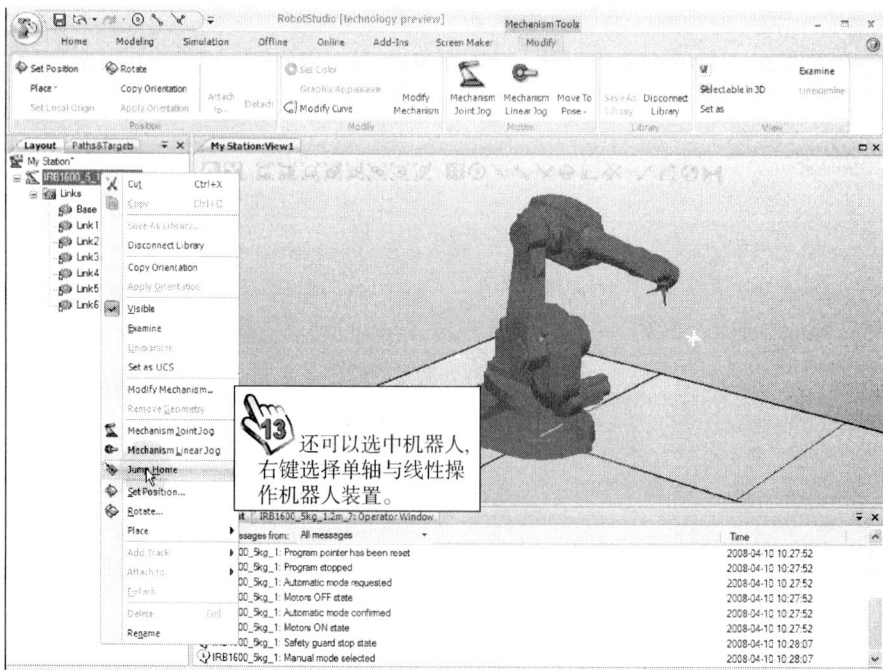

⑬ 还可以选中机器人，右键选择单轴与线性操作机器人装置。

14 选择创建机器人的目标点 "Create Target"。

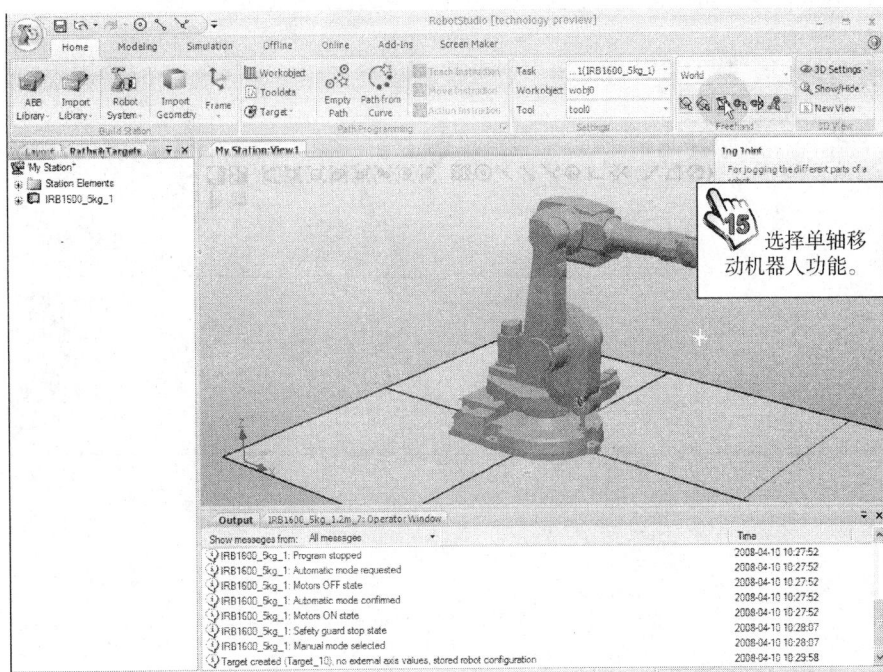

15 选择单轴移动机器人功能。

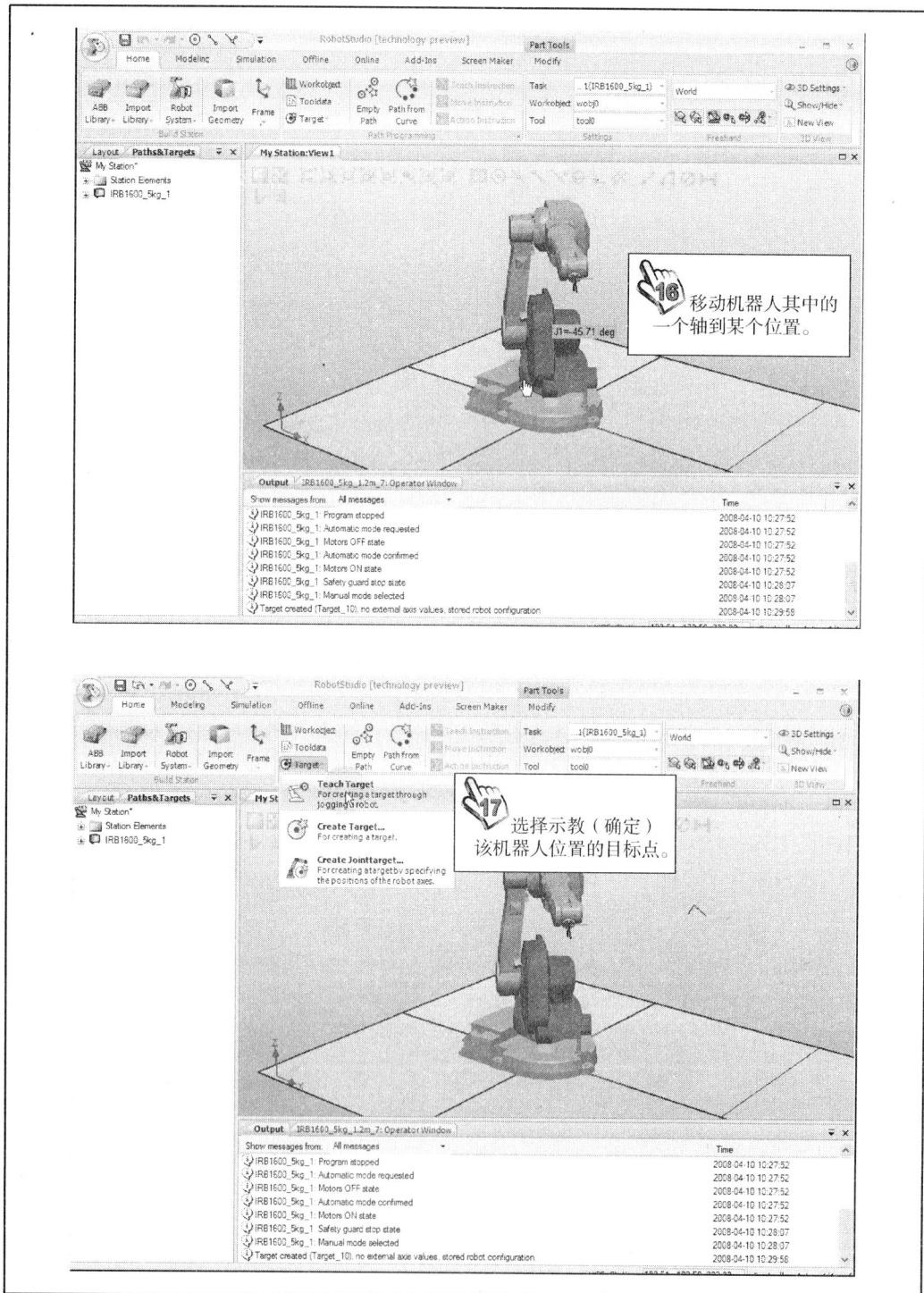

16 移动机器人其中的一个轴到某个位置。

17 选择示教（确定）该机器人位置的目标点。

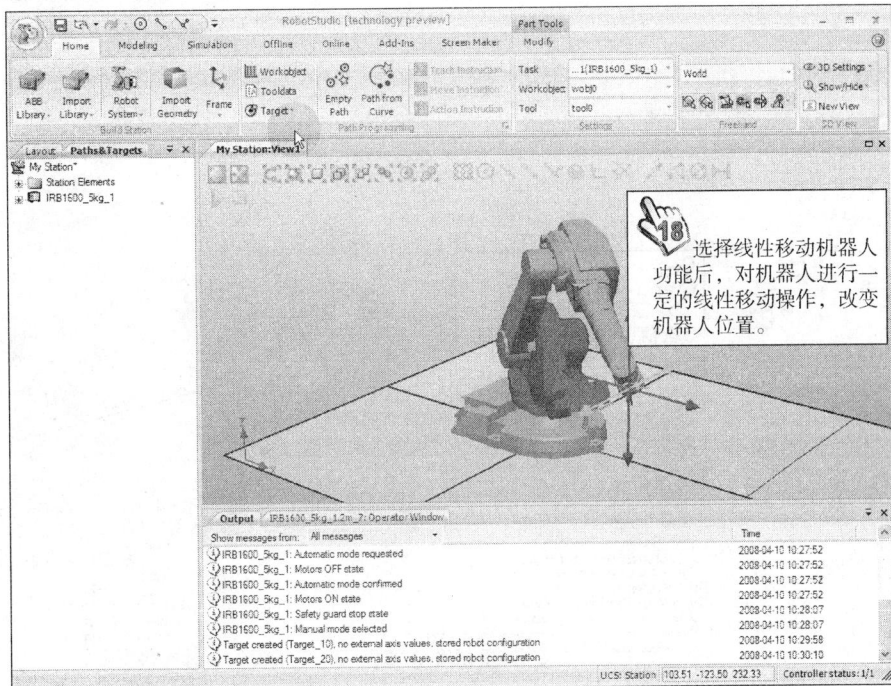

18 选择线性移动机器人功能后，对机器人进行一定的线性移动操作，改变机器人位置。

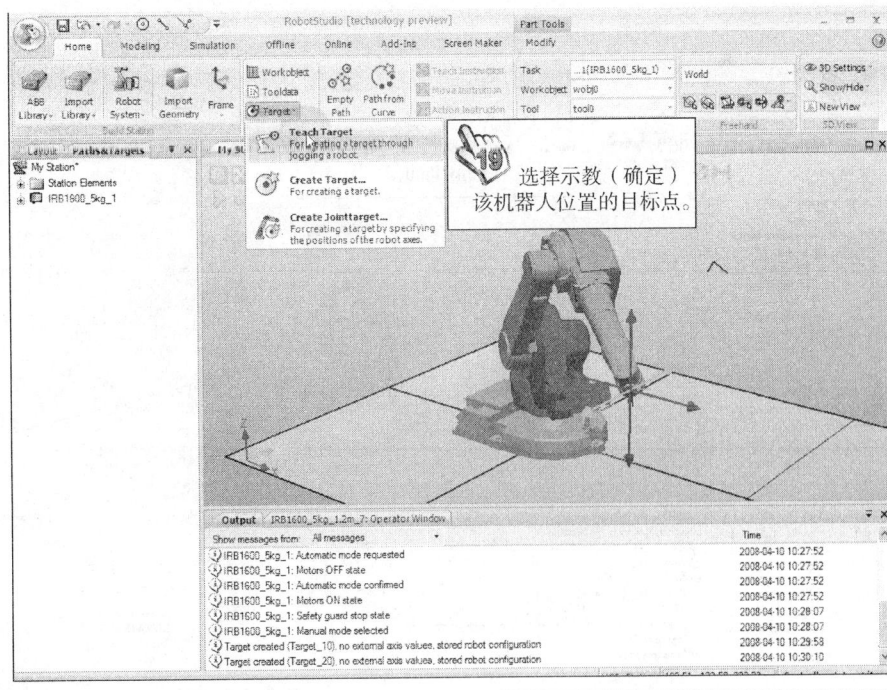

19 选择示教（确定）该机器人位置的目标点。

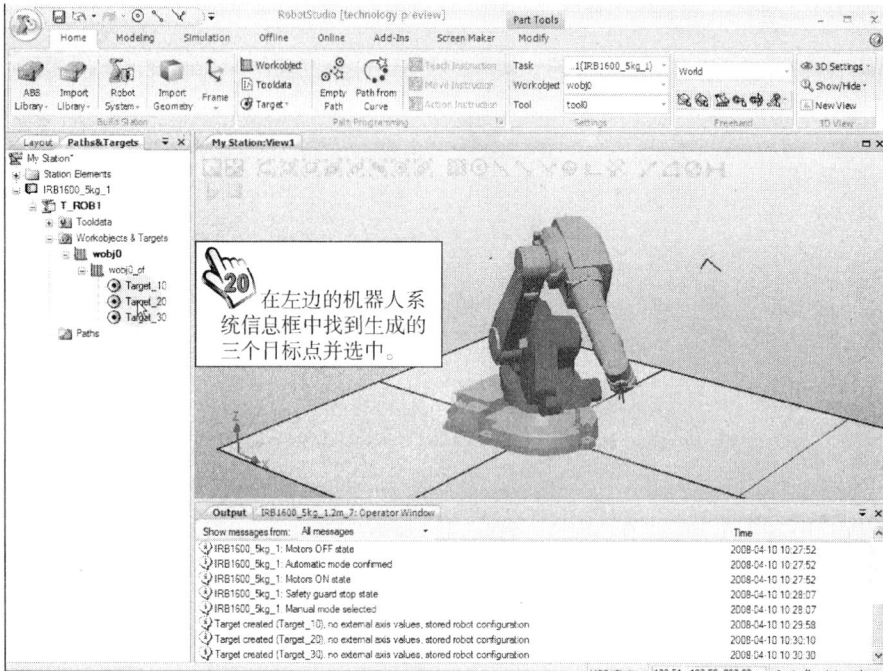

20 在左边的机器人系统信息框中找到生成的三个目标点并选中。

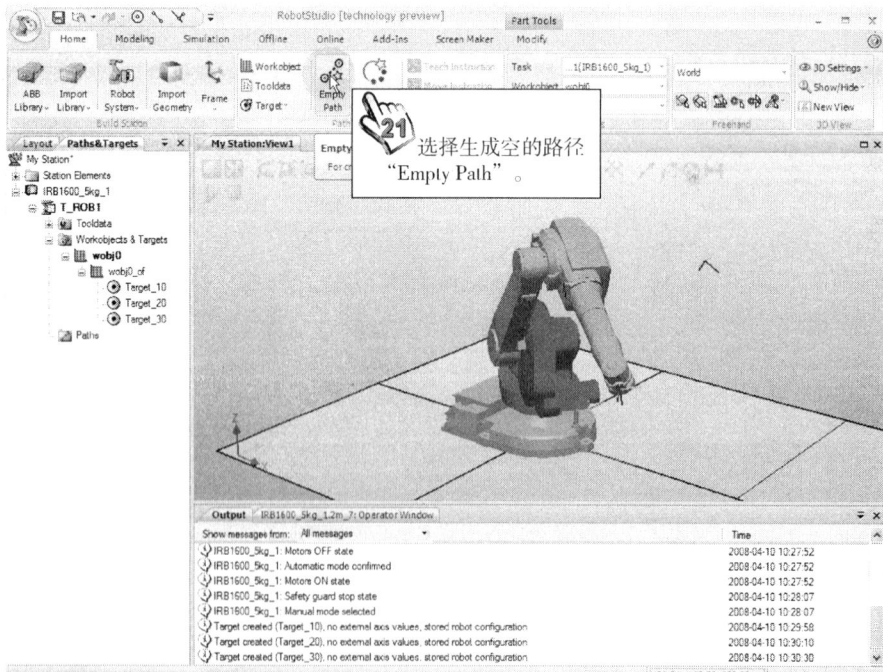

21 选择生成空的路径"Empty Path"。

选中刚才新建的空路径。

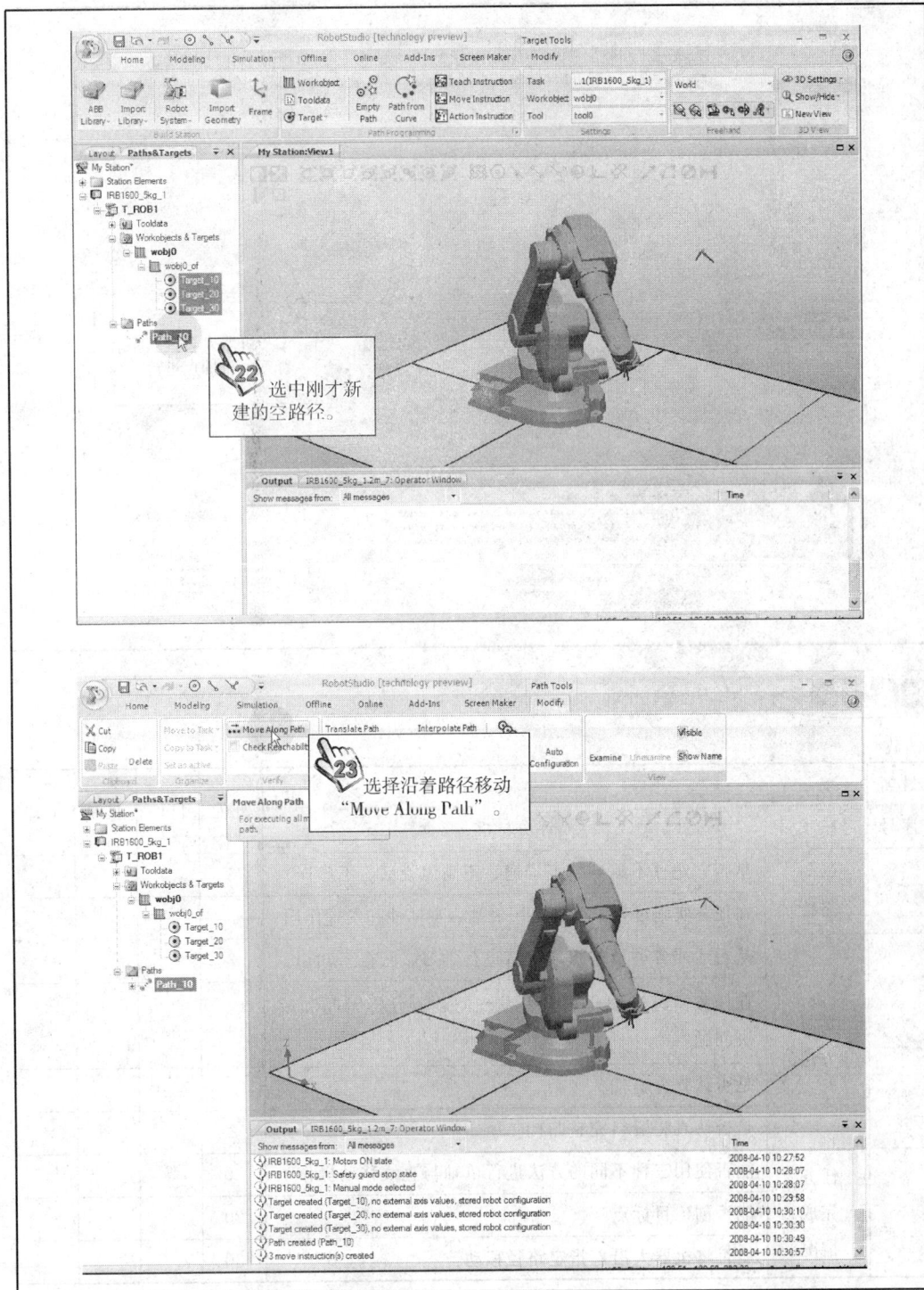

选择沿着路径移动"Move Along Path"。

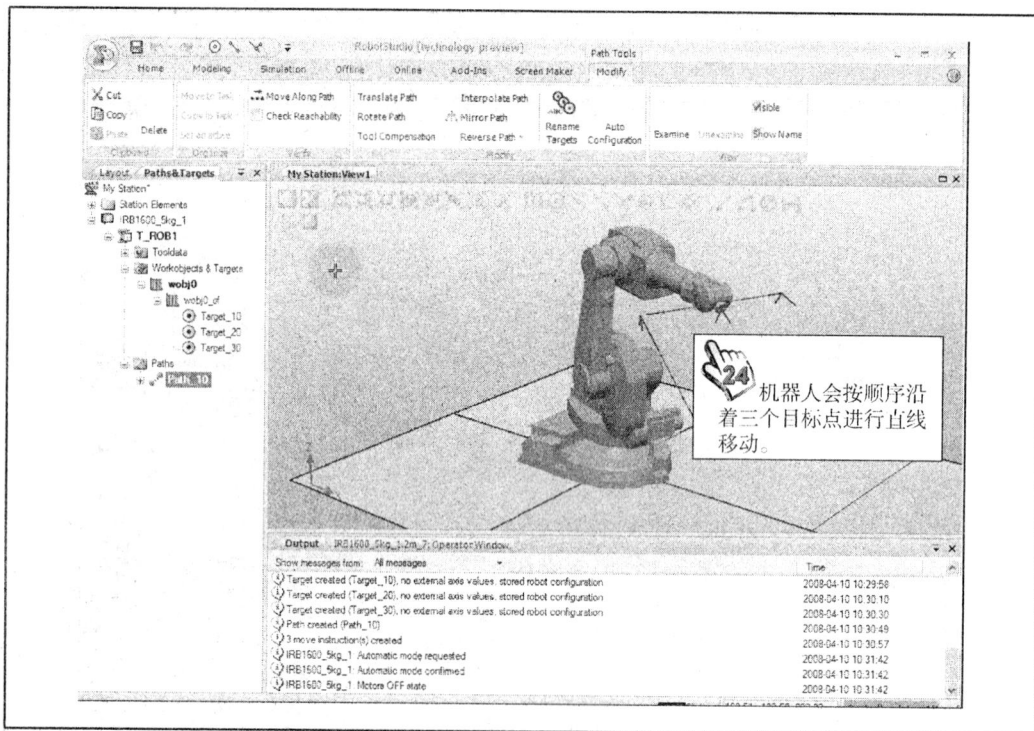

机器人会按顺序沿着三个目标点进行直线移动。

检查评议

姓名		学号		分值	自评	互评	师评
序号	考核项目		评分标准	分值	自评	互评	师评
1	学习态度	是否守纪（不迟到、不早退、不高声说话、不串岗）		5			
		在任务实施过程中表现出积极性、主动性和发挥作用		5			
2	学习方法	是否运用各种资料提取信息进行学习，获得新知识		2			
		在任务实施过程中，是否发现问题、分析问题和解决问题		3			
		是否认真分析任务		3			
		是否认真将资料完整归档		2			
3	任务完成情况	能否使用三种不同的方法进行单轴与直线移动操作		20			
		能否创建目标点		20			
		能否将机器人沿着指定路径移动		30			

姓名		学号		分值	自评	互评	师评
序号	考核项目		评分标准				
4	职业素养	团队关系融洽，共同制订计划完成任务		2			
		发现问题协商解决，认真对待他人意见		2			
		主动沟通，语言表达流利		2			
		具备安全防护与环保意识		2			
		做好 6S（整理、整顿、清洁、清扫、素养、安全）		2			
总分				100			

任务 4 导入或添加工具和放置几何体

学习目标

能力目标：

1. 学会加载机器人周边工具与模型。

2. 能够将工具与模型进行位置设置。

任务描述

某企业的焊接机器人工作站需要更换焊接零件和焊接工装，由于该零件的焊缝数量比较多而且焊接难度较大，使用示教器进行程序的编程既浪费时间又不能有效地判断机器人焊接姿势的到达程度。为了解决这一问题，需要企业的技术人员掌握利用虚拟仿真软件进行程序的编程，以缩短程序编程的时间，提高生产效率。现已经新建虚拟焊接机器人工作站，需要添加工具和零件三维模型。最终效果如图 4-4-1 所示。

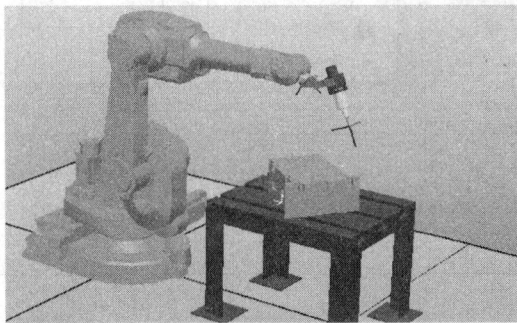

图 4-4-1 添加工具和零件三维模型

任务准备

实施本次任务所使用的实训设备及工具材料可参考表4-4-1。

表4-4-1 实训设备及工具材料

序 号	名 称	型号规格	数 量	单 位	备 注
1	ABB虚拟仿真软件	RobotStudio 5.12	1	套	计算机软件
2	电脑	1.8GHz以上，1GB内存以上	1	套	

任务实施

操作任务	导入或添加工具和放置几何体	姓名	
学号		组别	

打开系统中已经保存有的机器人系统工作站。

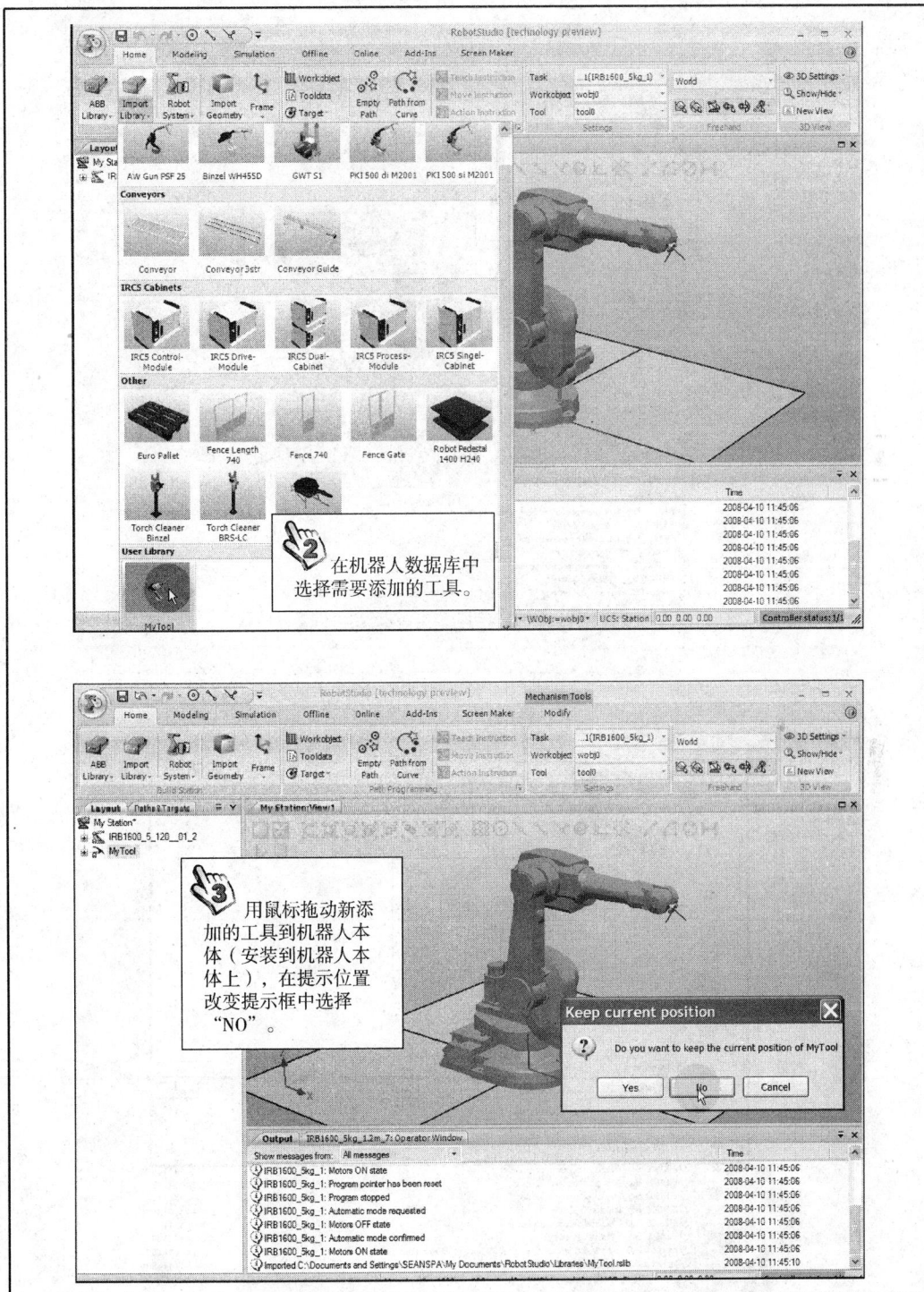

续表

② 在机器人数据库中选择需要添加的工具。

③ 用鼠标拖动新添加的工具到机器人本体（安装到机器人本体上），在提示位置改变提示框中选择"NO"。

工具安装在机器人本体上后，选择模型数据库选项。

添加系统默认模型或用三维软件创建的模型。

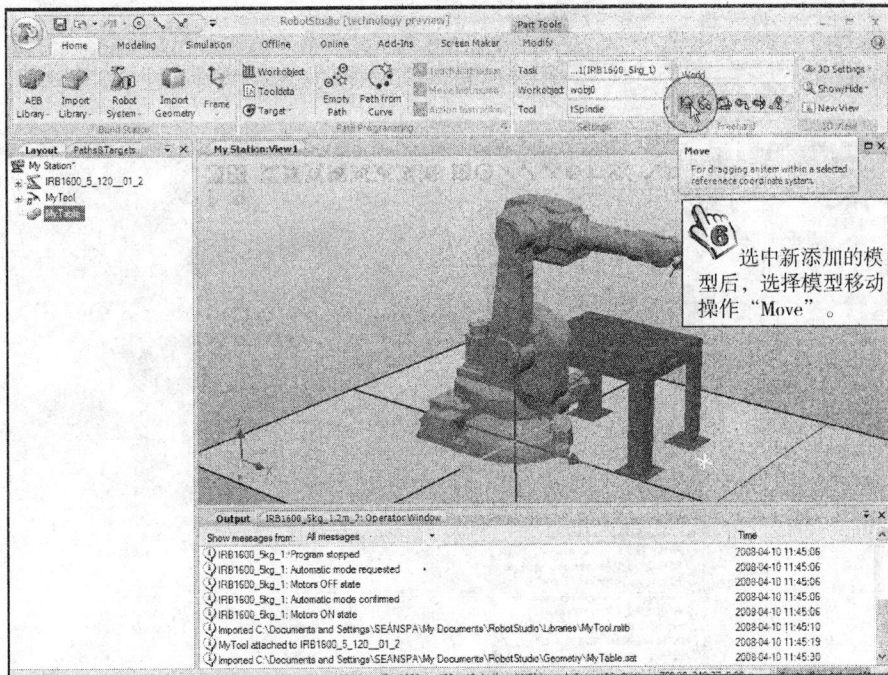

6 选中新添加的模型后，选择模型移动操作"Move"。

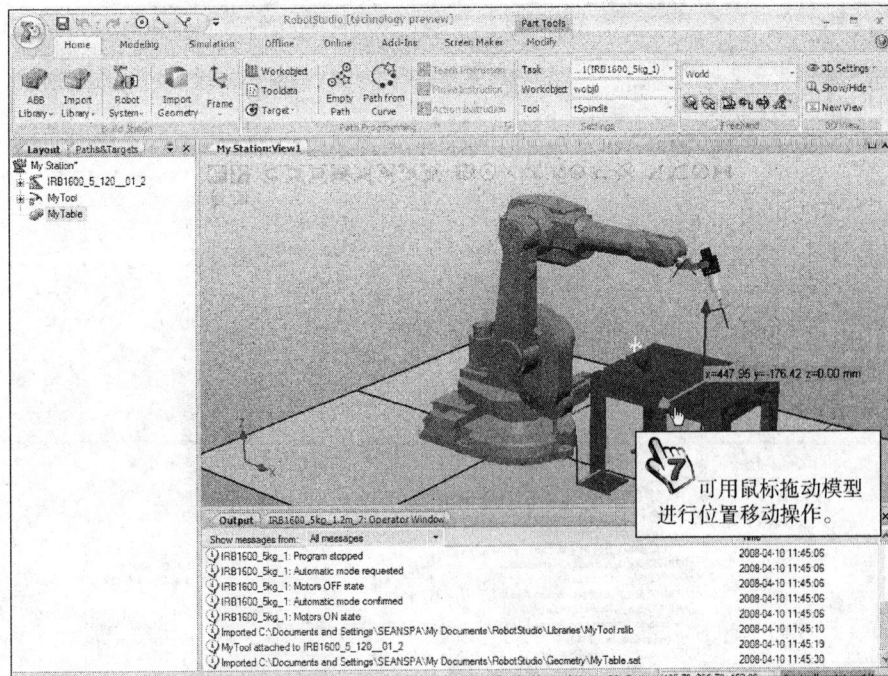

7 可用鼠标拖动模型进行位置移动操作。

选择位置设置 "Set Position"，并选中模型。

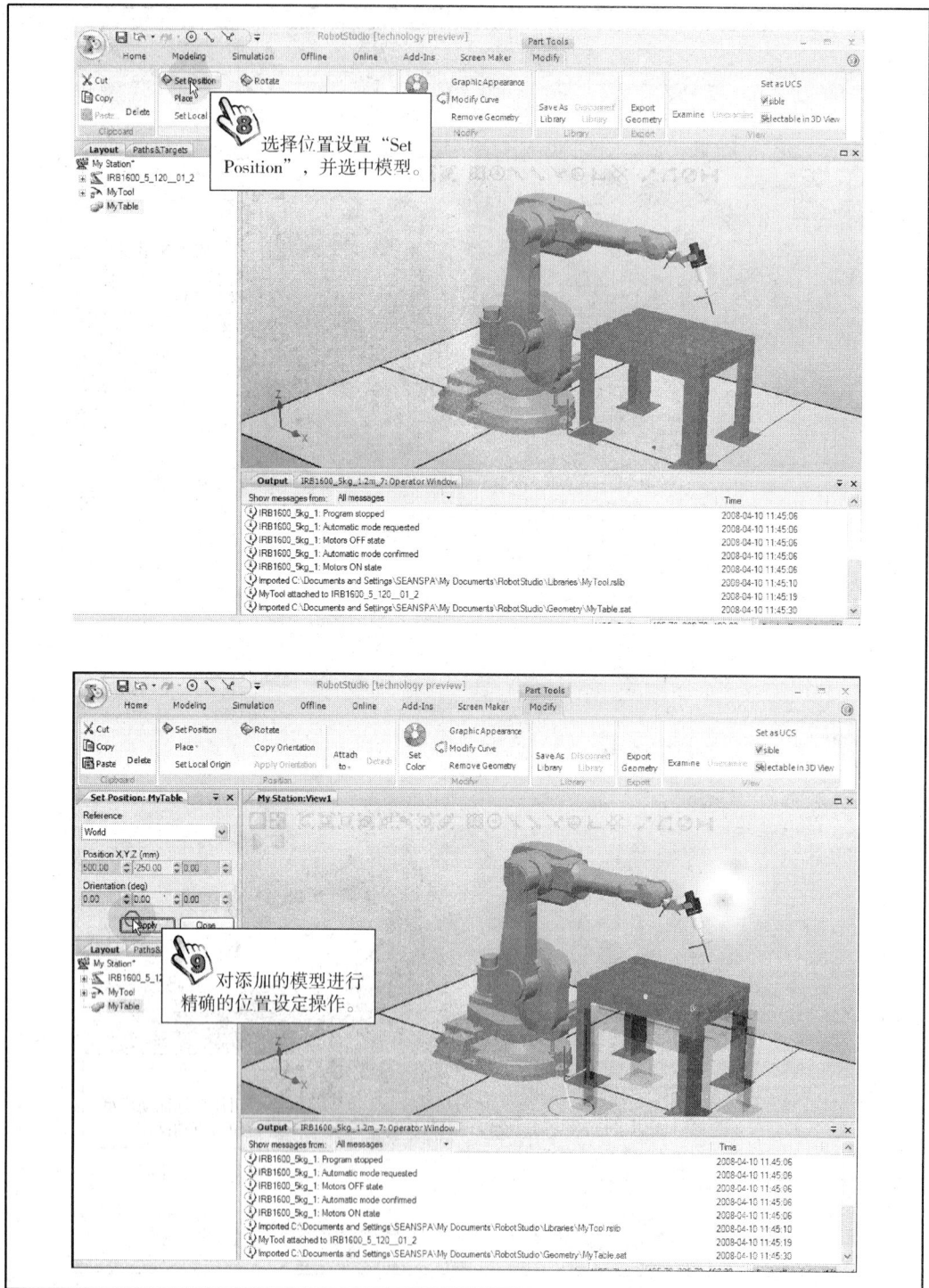

对添加的模型进行精确的位置设定操作。

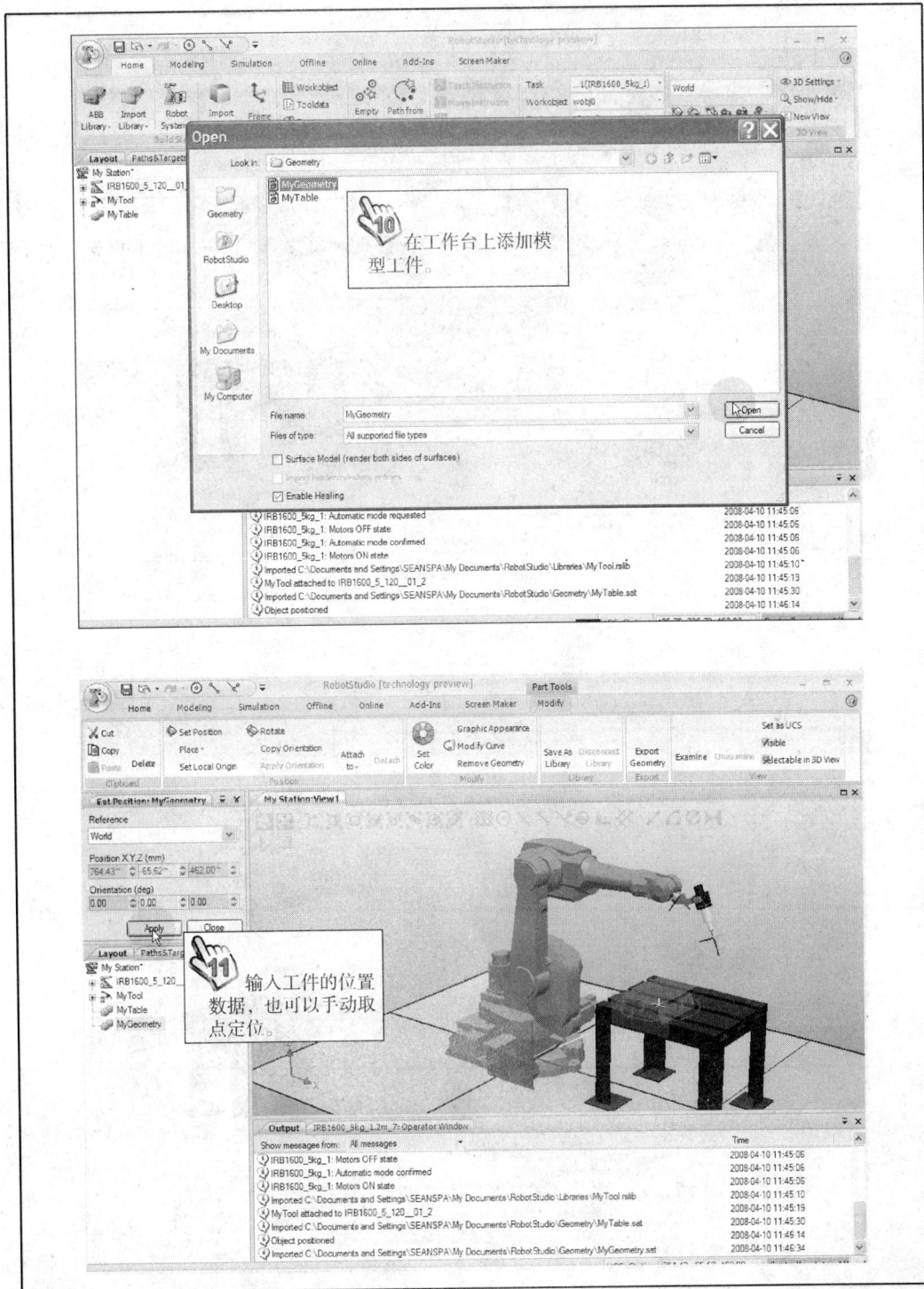

10 在工作台上添加模型工件。

11 输入工件的位置数据，也可以手动取点定位。

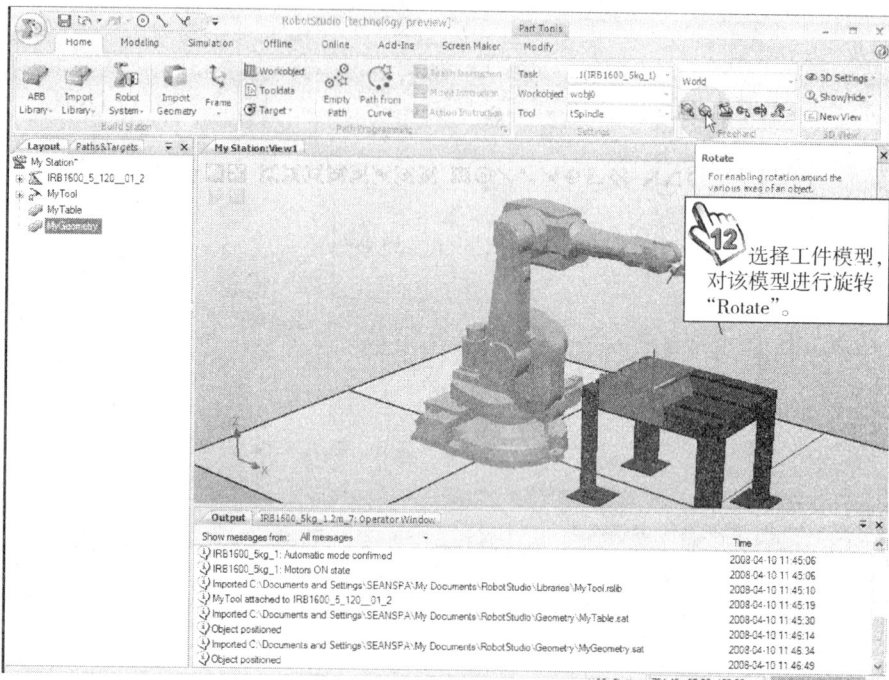

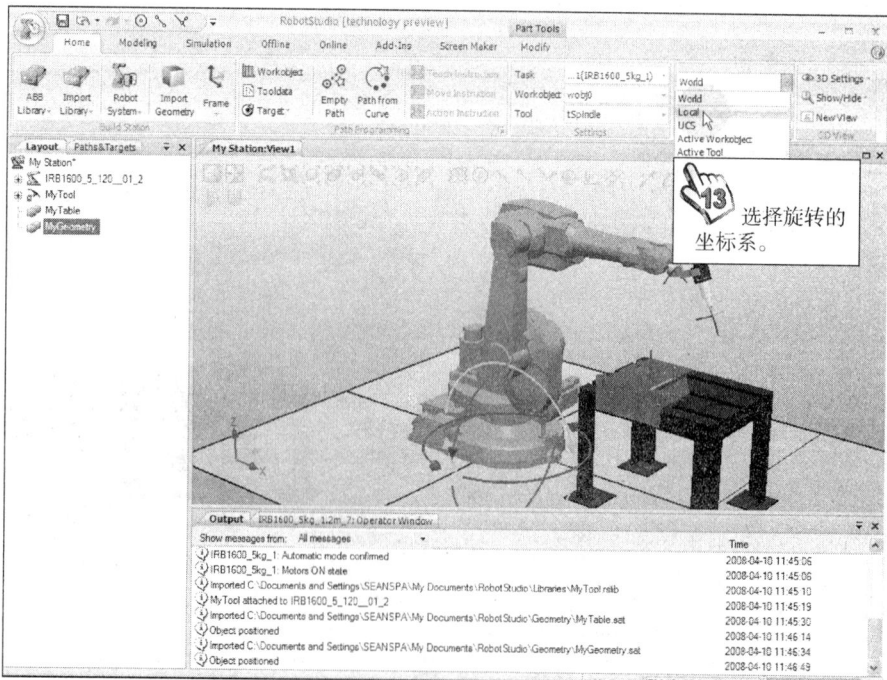

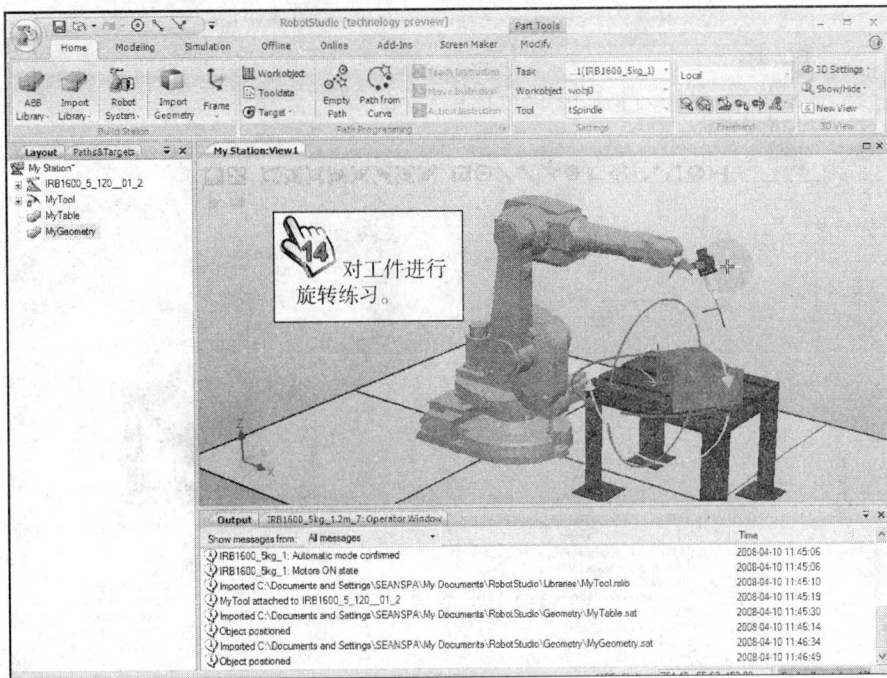

对工件进行旋转练习。

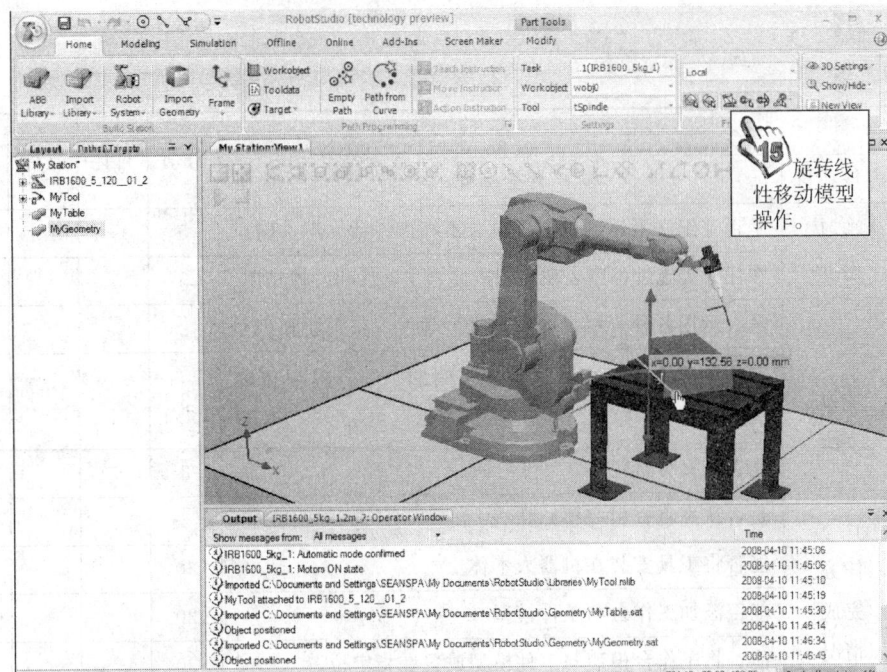

旋转线性移动模型操作。

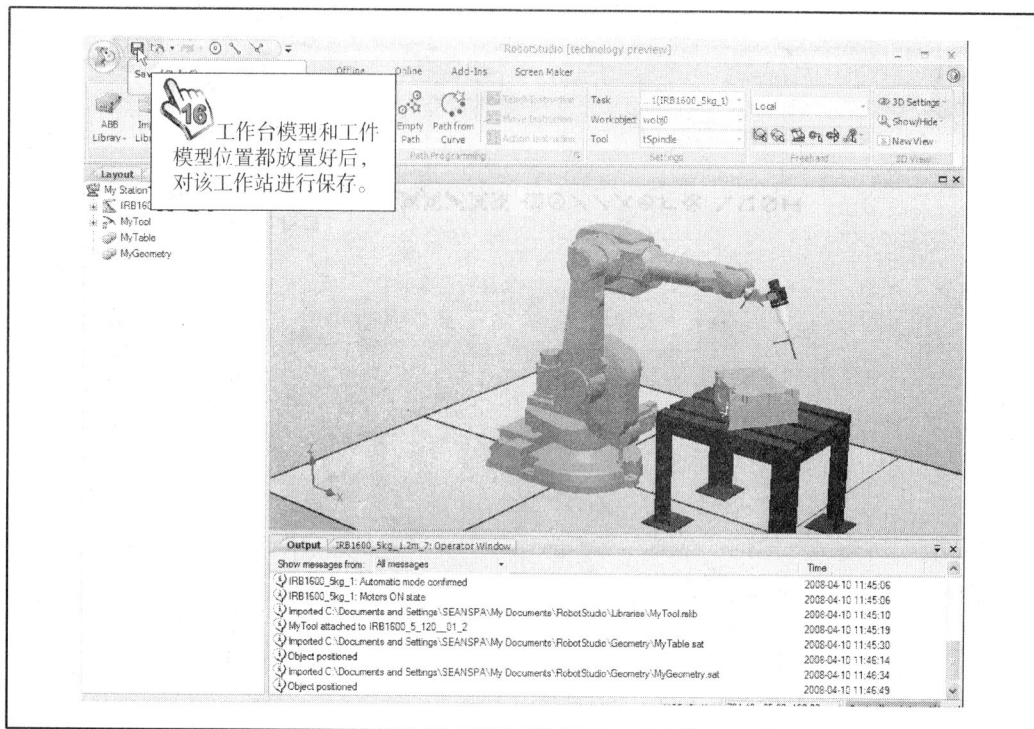

16 工作台模型和工件模型位置都放置好后，对该工作站进行保存。

检查评议

姓名			学号		分值	自评	互评	师评
序号	考核项目		评分标准		分值	自评	互评	师评
1	学习态度		是否守纪（不迟到、不早退、不高声说话、不串岗）		5			
			在任务实施过程中表现出积极性、主动性和发挥作用		5			
2	学习方法		是否运用各种资料提取信息进行学习，获得新知识		2			
			在任务实施过程中，是否发现问题、分析问题和解决问题		3			
			是否认真分析任务		3			
			是否认真将资料完整归档		2			
3	任务完成情况		能否将工具安装在机器人本体上		20			
			能否添加工作台与工件模型		20			
			能否将工作台模型与工件模型放置在指定位置		30			

姓名			学号		分值	自评	互评	师评
序号	考核项目		评分标准					
4	职业素养		团队关系融洽，共同制订计划完成任务		2			
			发现问题协商解决，认真对待他人意见		2			
			主动沟通，语言表达流利		2			
			具备安全防护与环保意识		2			
			做好6S（整理、整顿、清洁、清扫、素养、安全）		2			
	总分				100			

任务5　创建首个程序

学习目标

能力目标：

1. 学会创建机器人运动轨迹程序。
2. 能够仿真运行机器人轨迹。

任务描述

　　某企业的焊接机器人工作站需要更换焊接零件和焊接工装，由于该零件的焊缝数量比较多而且焊接难度较大，使用示教器进行程序的编程既浪费时间又不能有效地判断机器人焊接姿势的到达程度。为了解决这一问题，需要企业的技术人员掌握利用虚拟仿真软件进行程序的编程，以缩短程序编程的时间，提高生产效率。现需要对虚拟机器人工作站里的三维模型进行程序的编程与机器人姿态的调试工作。最终效果如图4-5-1所示。

图4-5-1　机器人姿态调试

任务准备

实施本次任务所使用的实训设备及工具材料可参考表 4 - 5 - 1。

表 4 - 5 - 1 实训设备及工具材料

序 号	名 称	型号规格	数 量	单 位	备 注
1	ABB 虚拟仿真软件	RobotStudio 5.12	1	套	计算机软件
2	电脑	1.8GHz 以上，1GB 内存以上	1	套	

任务实施

操作任务	创建首个程序	姓名	
学号		组别	

打开前面内容建好的机器人工作站系统。

② 选择工件模型。

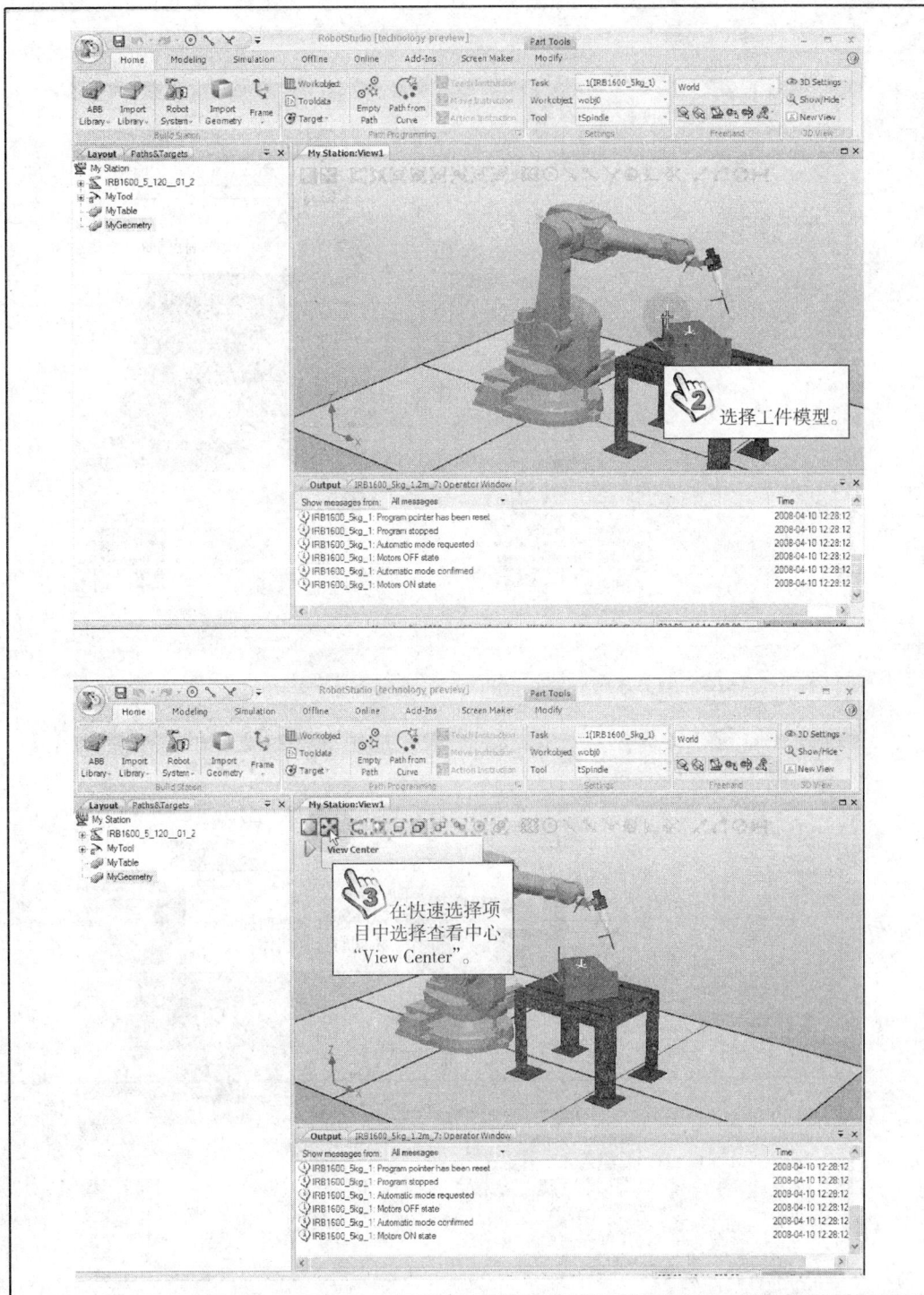

③ 在快速选择项目中选择查看中心"View Center"。

选择端点捕捉。

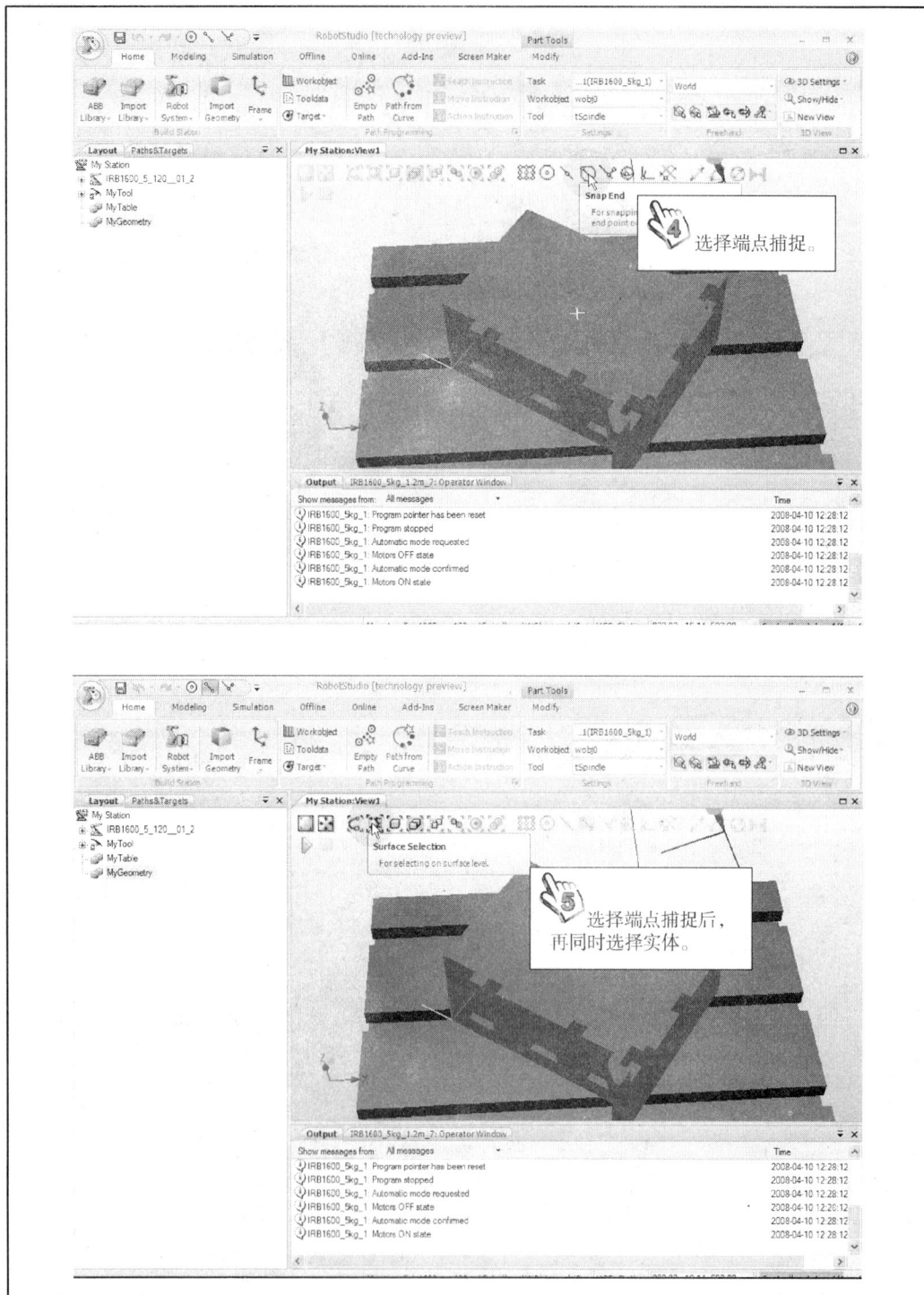

选择端点捕捉后，再同时选择实体。

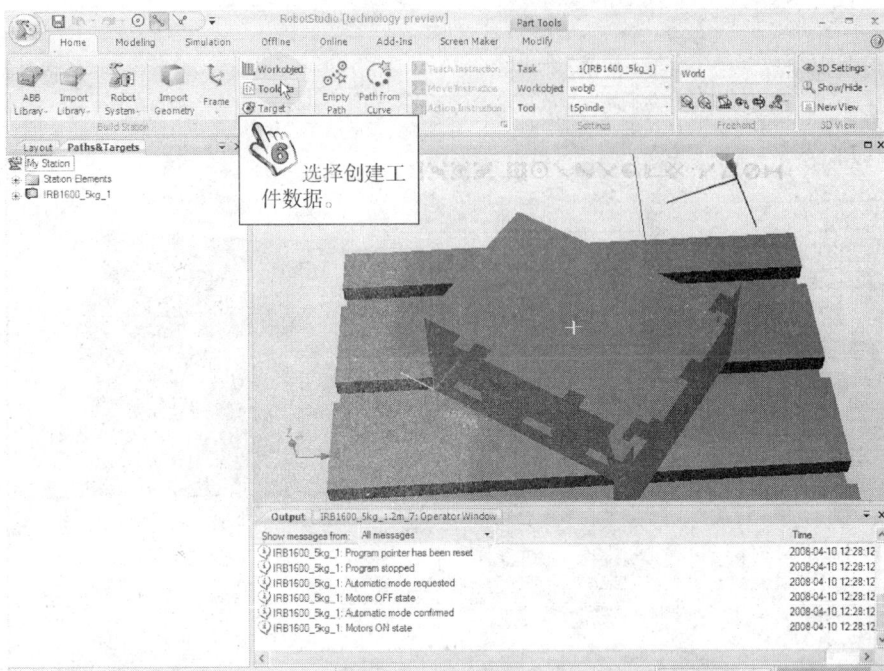

⑥ 选择创建工件数据。

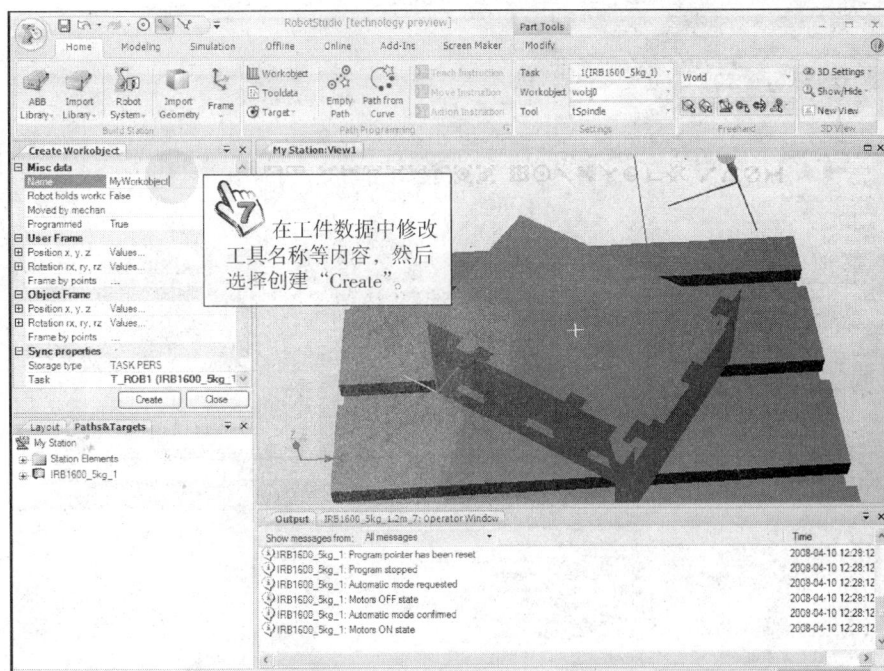

⑦ 在工件数据中修改工具名称等内容，然后选择创建"Create"。

选择创建的方式为
三点式"Three point"。

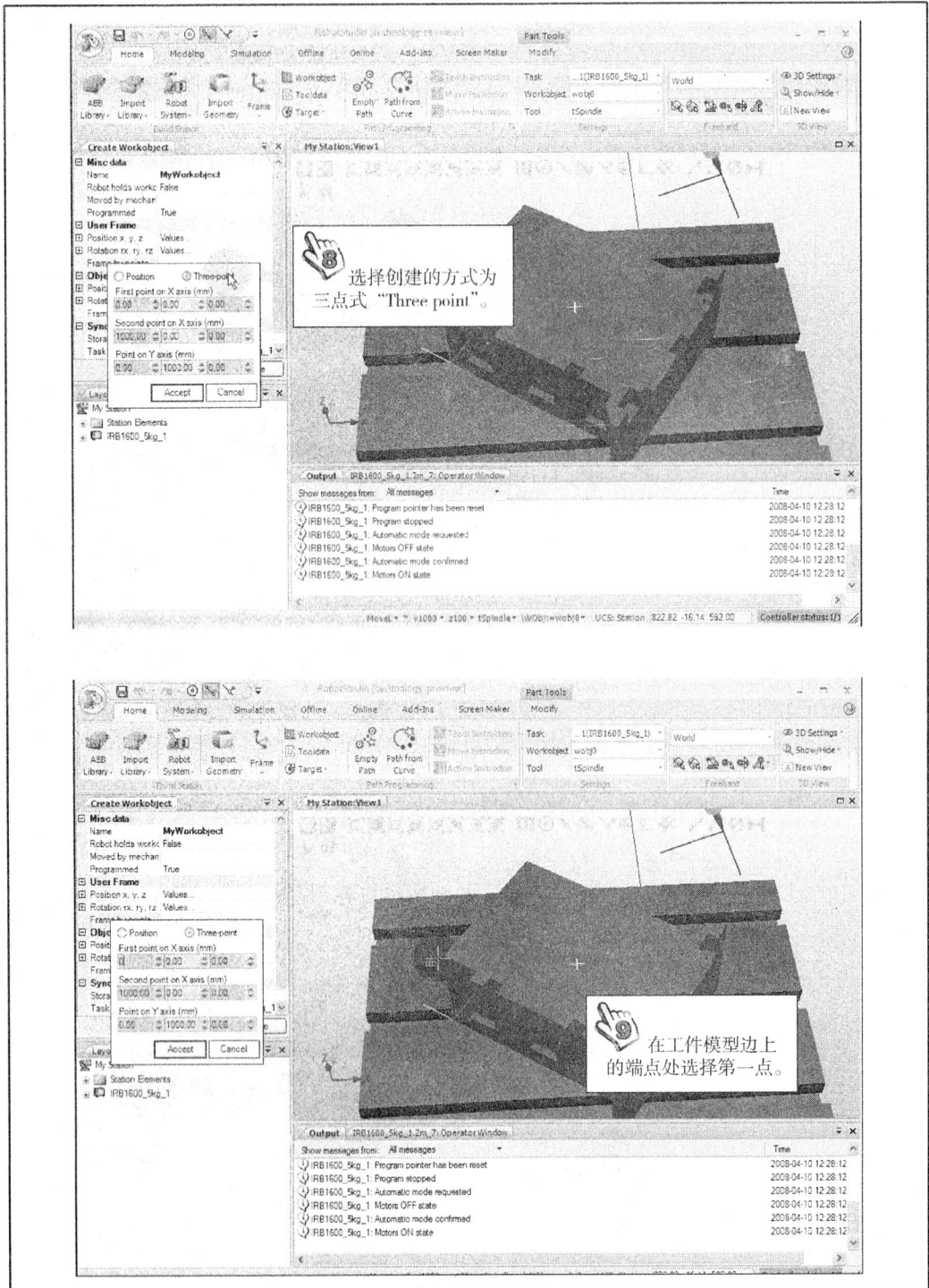

在工件模型边上
的端点处选择第一点。

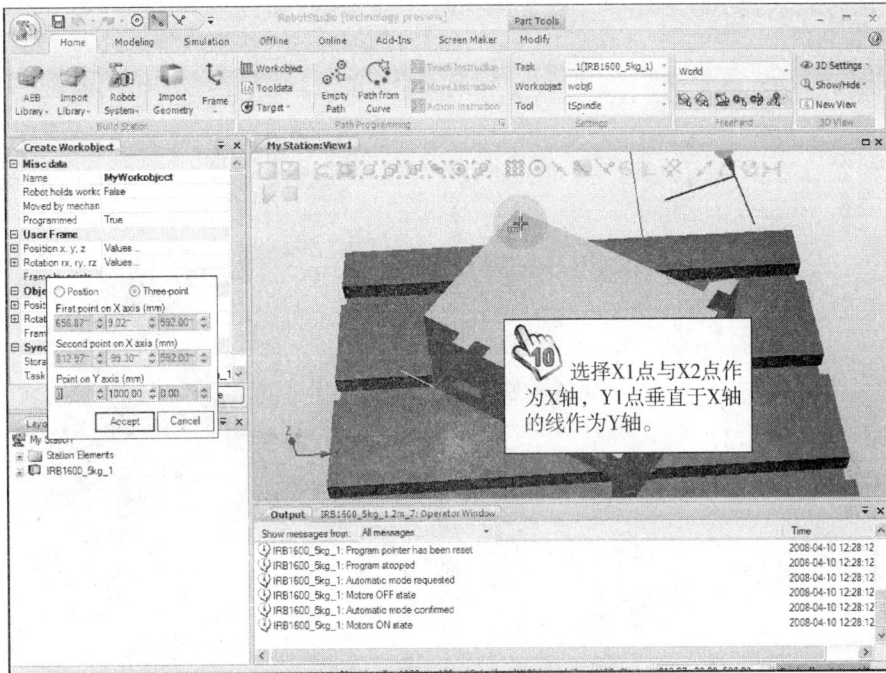

选择X1点与X2点作为X轴，Y1点垂直于X轴的线作为Y轴。

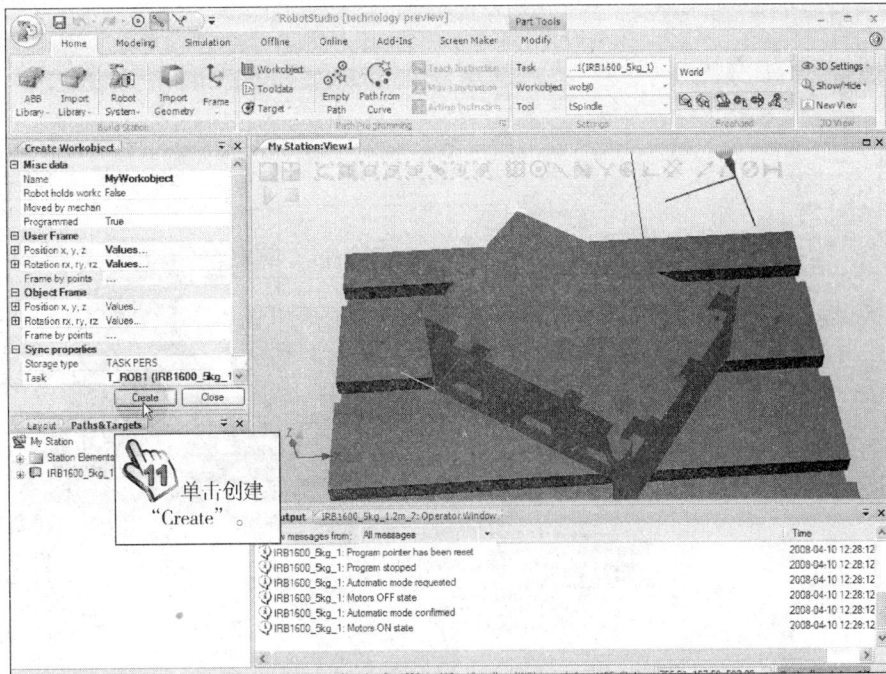

单击创建"Create"。

12 在工件选项中选择刚才新建好的工件。

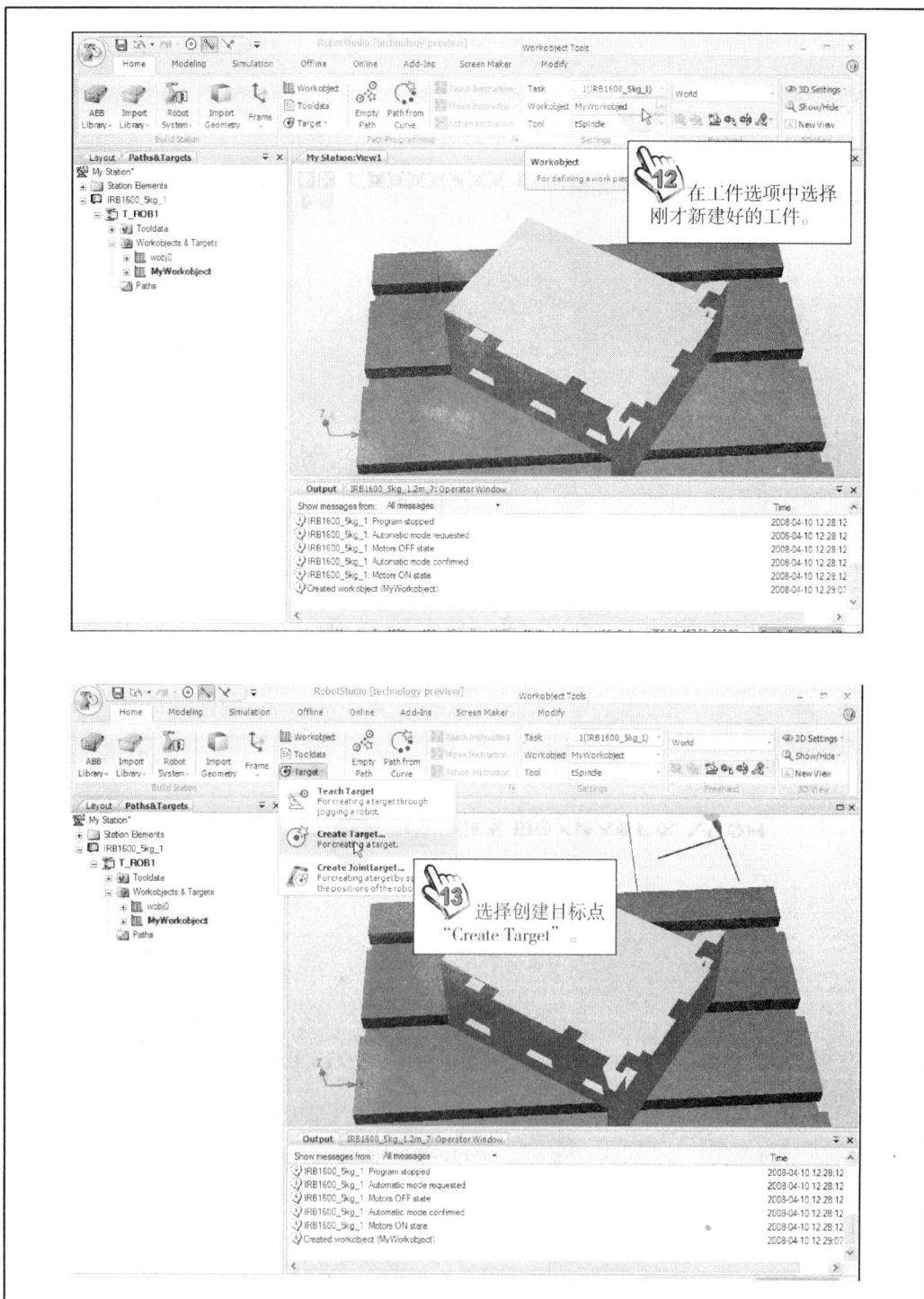

13 选择创建目标点 "Create Target"。

续表

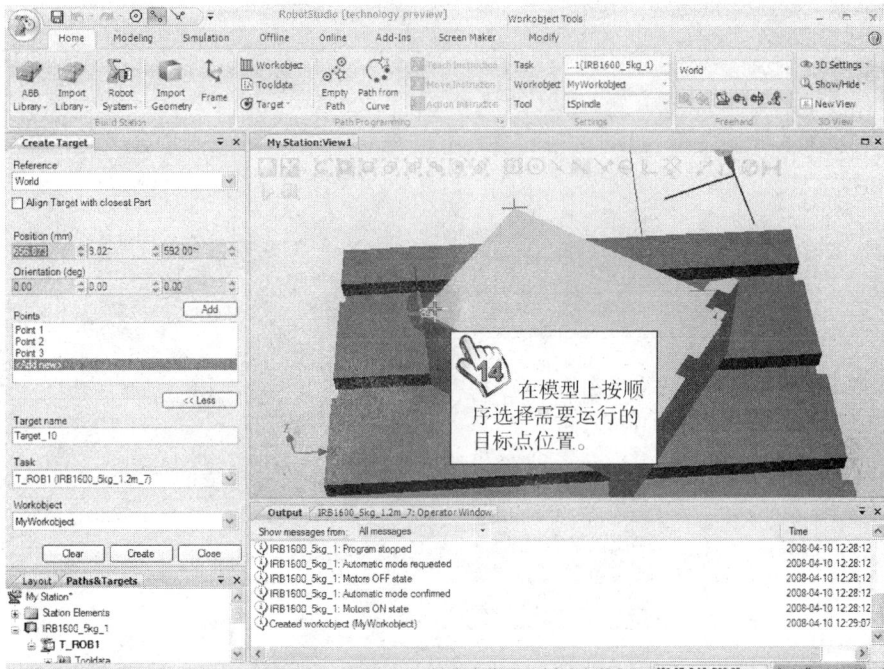

在模型上按顺序选择需要运行的目标点位置。

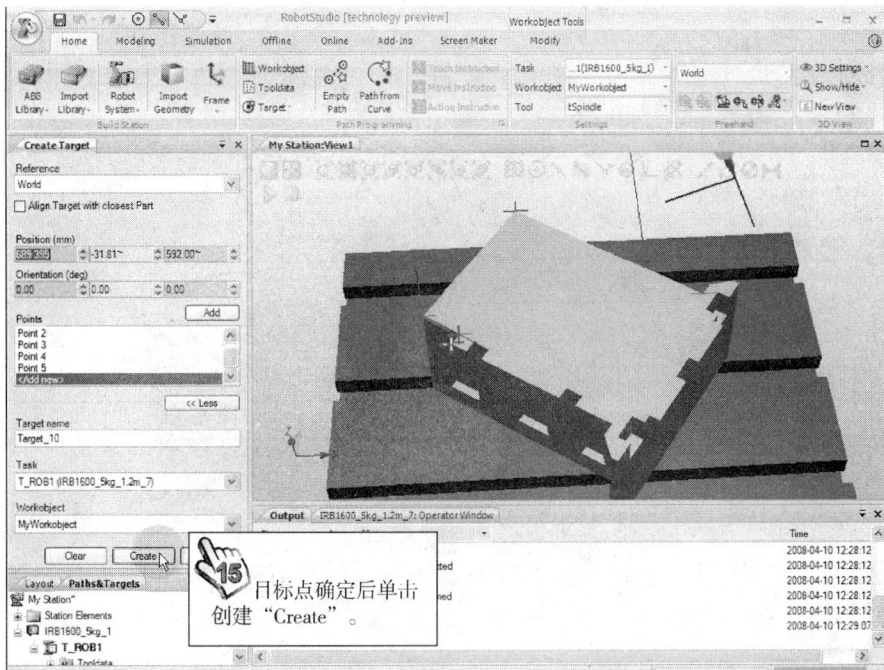

目标点确定后单击创建"Create"。

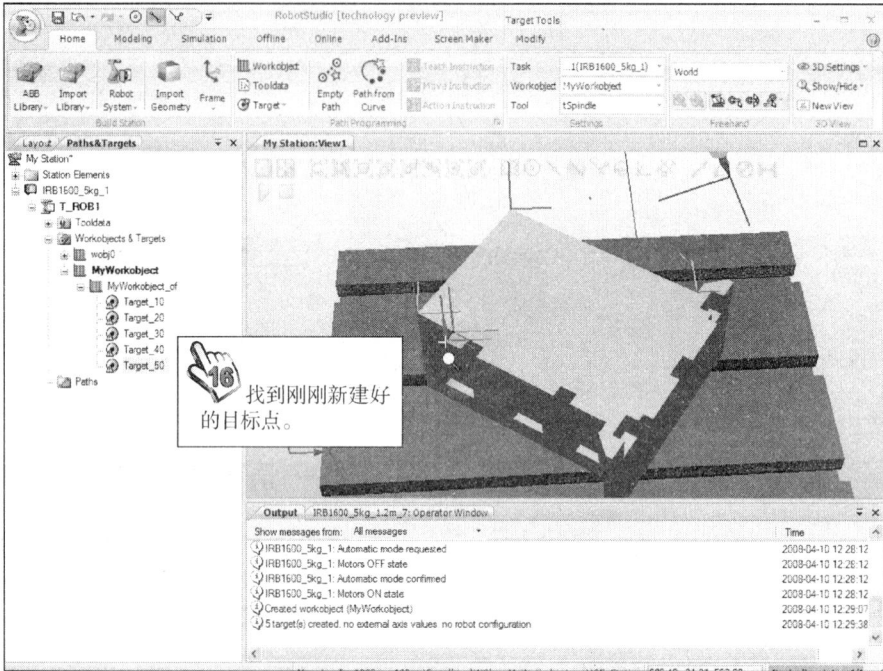

16 找到刚刚新建好的目标点。

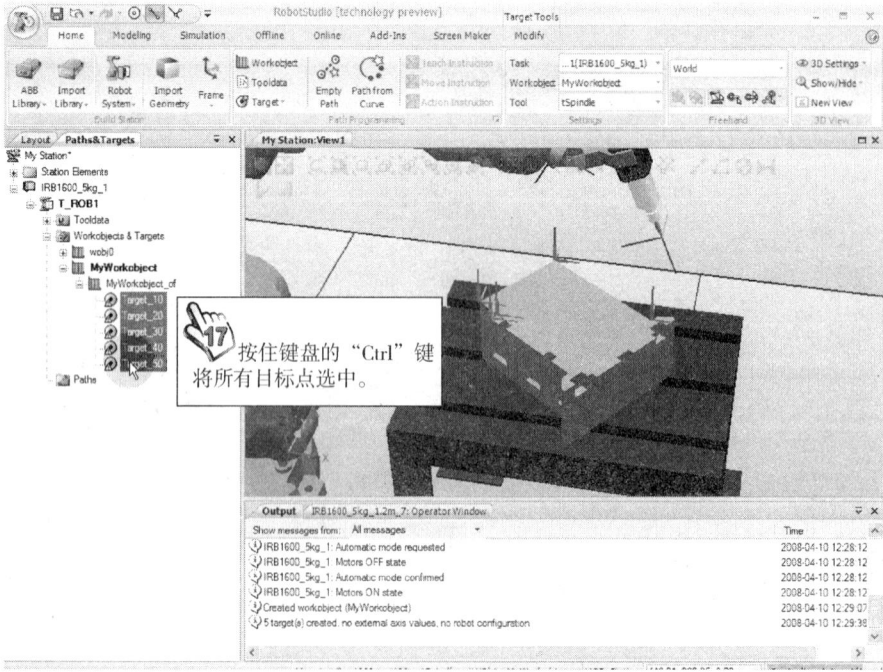

17 按住键盘的"Ctrl"键将所有目标点选中。

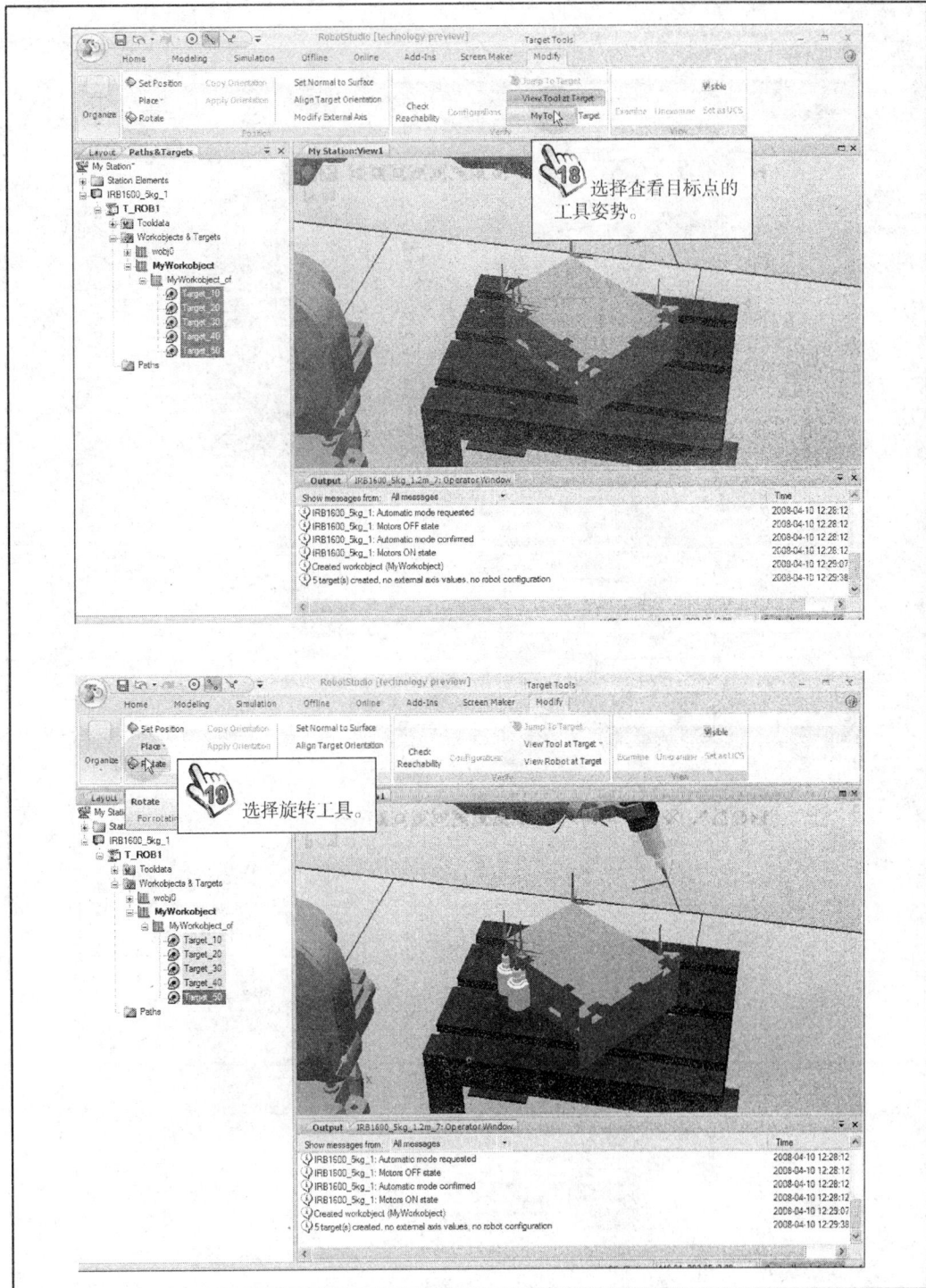

选择查看目标点的工具姿势。

选择旋转工具。

将工具沿着坐标系进行一定度数的旋转，直到将工具转到合适的姿态。

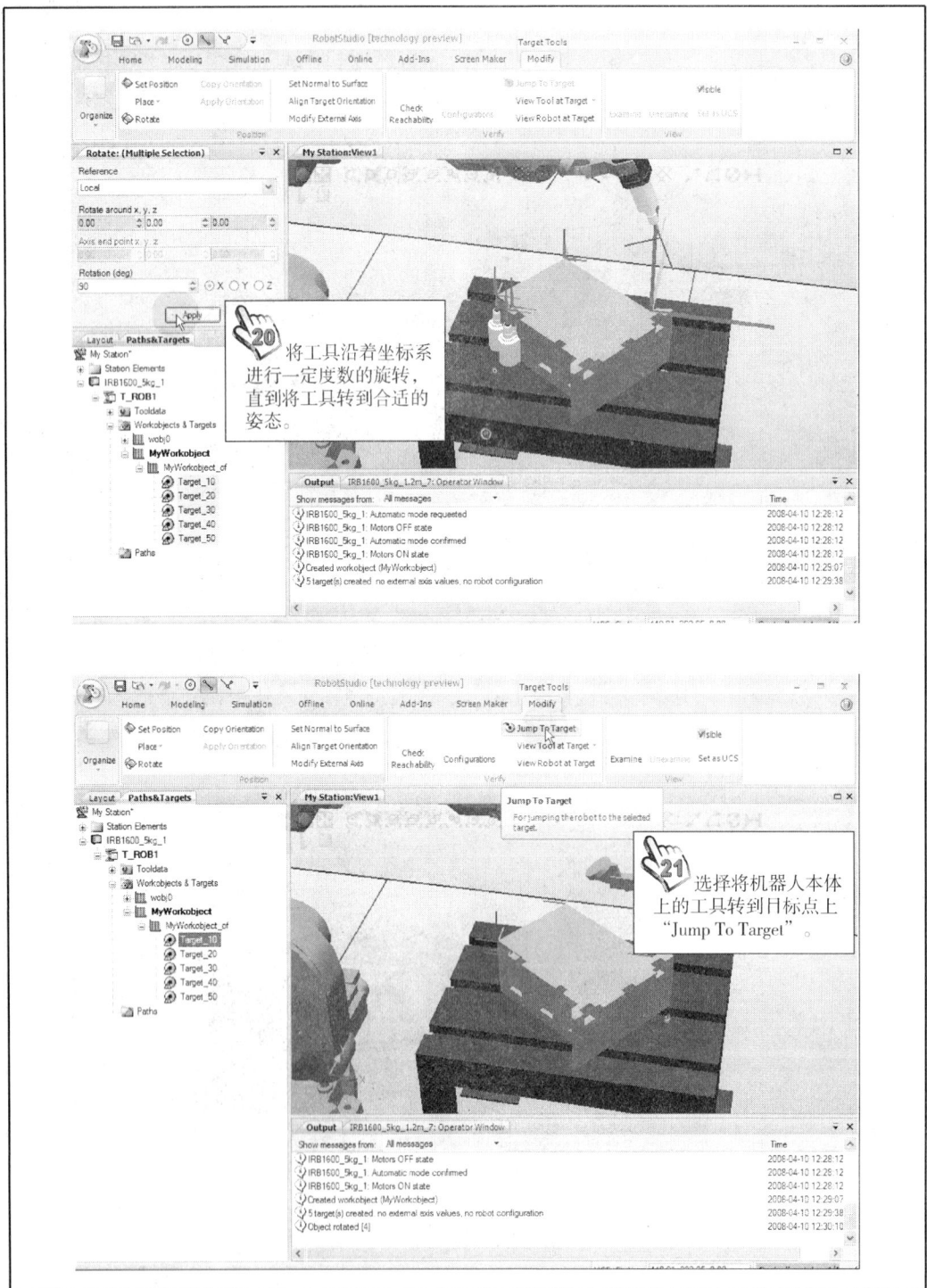

选择将机器人本体上的工具转到目标点上"Jump To Target"。

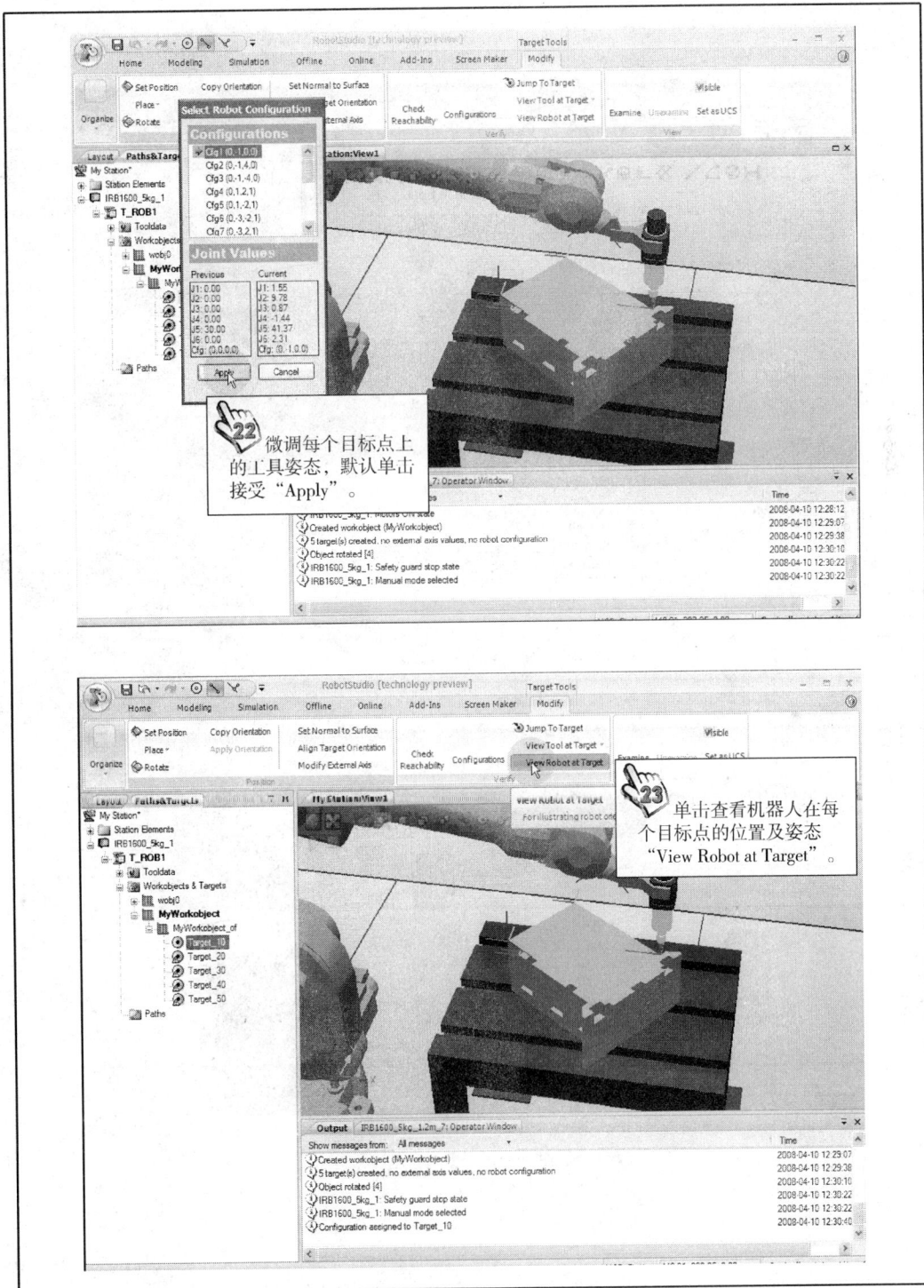

22　微调每个目标点上的工具姿态，默认单击接受"Apply"。

23　单击查看机器人在每个目标点的位置及姿态"View Robot at Target"。

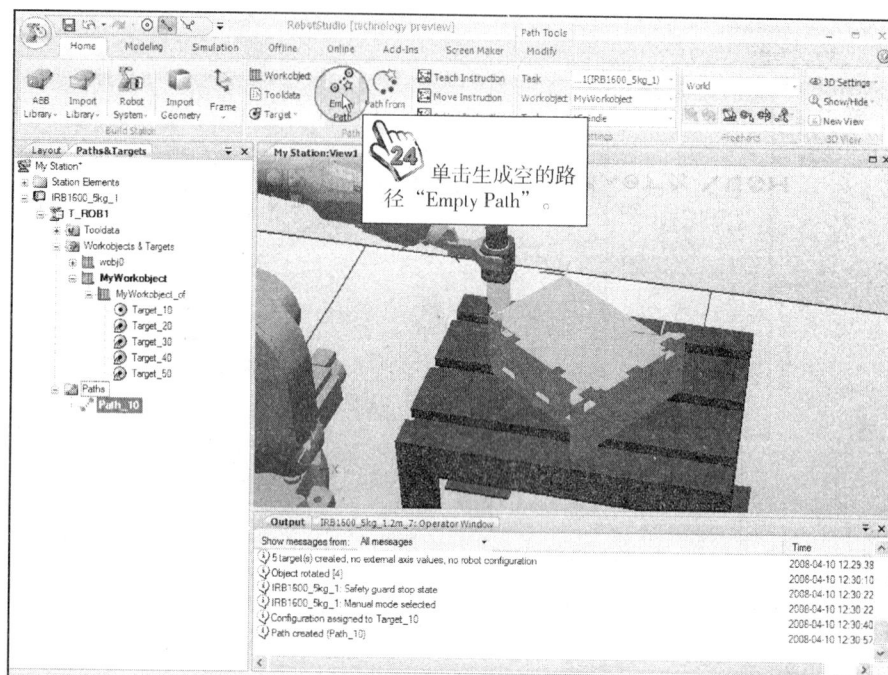

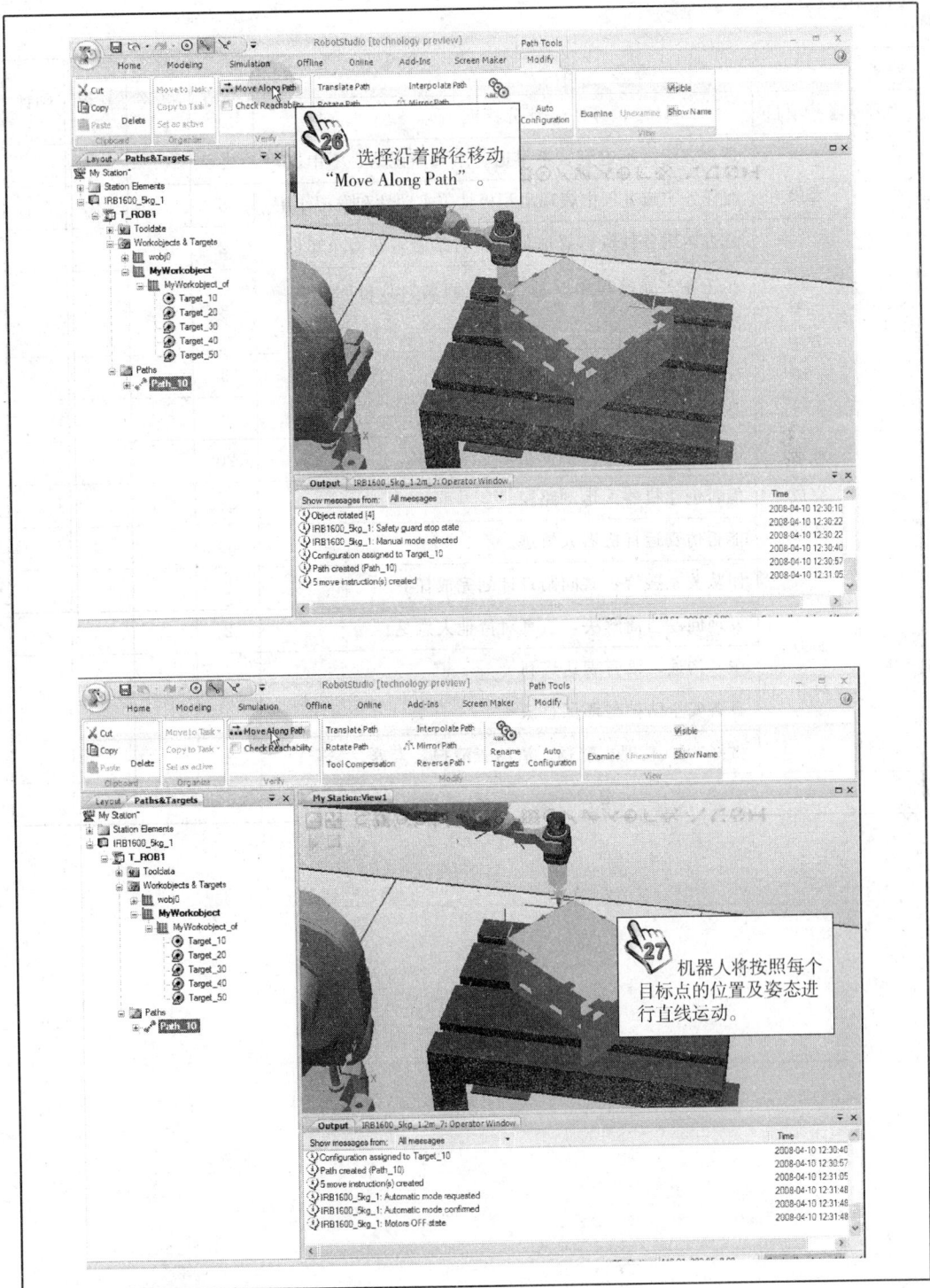

26 选择沿着路径移动 "Move Along Path"。

27 机器人将按照每个目标点的位置及姿态进行直线运动。

检查评议

姓名		学号		分值	自评	互评	师评
序号	考核项目	评分标准		分值	自评	互评	师评
1	学习态度	是否守纪（不迟到、不早退、不高声说话、不串岗）	5				
		在任务实施过程中表现出积极性、主动性和发挥作用	5				
2	学习方法	是否运用各种资料提取信息进行学习，获得新知识	2				
		在任务实施过程中，是否发现问题、分析问题和解决问题	3				
		是否认真分析任务	3				
		是否认真将资料完整归档	2				
3	任务完成情况	能否创建一个工件坐标系	20				
		能否创建机器人运动路径	20				
		能否仿真运行机器人轨迹	30				
4	职业素养	团队关系融洽，共同制订计划完成任务	2				
		发现问题协商解决，认真对待他人意见	2				
		主动沟通，语言表达流利	2				
		具备安全防护与环保意识	2				
		做好6S（整理、整顿、清洁、清扫、素养、安全）	2				
总分			100				

参考文献

[1] 叶晖，管小清. 工业机器人实操与应用技巧 [M]. 北京：机械工业出版社，2010.

[2] 叶晖，何智勇，杨薇. 工业机器人工程应用虚拟仿真教程 [M]. 北京：机械工业出版社，2014.

[3] ABB 焊接机器人使用说明书，2010.